湛庐 CHEERS

与最聪明的人共同进化

HERE COMES EVERYBODY

The World Beyond Your Head

On Becoming an Individual in an Age of Distraction

[英] 马修·克劳福德 著

Matthew B. Crawford

王文嘉 译

浙江人民出版社
ZHEJIANG PEOPLE'S PUBLISHING HOUSE

在现实中积聚新活力是一件伟大的事情。
—— 文森特·梵高

The great thing is to gather new vigor in reality.
—— Vincent van Gogh

分心成瘾时代的注意力危机

我们正处于一场注意力危机之中。我们听到越来越多关于这场危机的讨论，尤其是在科技领域，科技进步的同时给我们带来了危机。随着我们的精神生活变得日益碎片化，最紧要的问题似乎就在于，我们能否成为连贯的个体。这里说的个体，是指可以根据既定的目标或正在进行的项目采取恰当行动的人，而非漫无目的、不停转换注意力的人。正是由于注意力对于一个人的精神世界至关重要，因此当我们面临这场注意力危机时，整个社会不得不重新探讨一个由来已久的问题：注意力对于人类意味着什么？

这种反思是深刻的文化变革的必然结果。这些文化变革具有某种连贯性，它们始于文艺复兴时期，从 20 世纪开始加快步伐，现在或许正攀上巅峰。尽管数字技术确实推动了文化变革，但它也加速了我们目前面临的注意力危机的演变，几百年前人类想象中的图景将变为现实。注意力危机随处可见，因而很难确定明确的观察对象。注意力危机的核心就是理解人如何与其头脑之外的世界相通。

想要研究注意力危机的核心，唯有建立心理表征才能做到。生活模拟了心理表征。我们现在的生活就像一种介质，通过这种介质，我们脑中的表征与世界相通。然而这些表征是被我们加工制造而成的，因此，人类的体验已变成精心设计并且可以被操纵的产物。

我努力感受专注在真正的目标中是何种体验，关注他人又是何种体验。这使我开始怀疑人类认知的基本信条，也使我发现这些信条给我们的日常生活带来的困扰。这些信条使我们过往经验中的某些方面难以辨认，由此产生压力。对文化的陌生感成为探究过程中的焦点，这里所指的文化包括我们的教育方法，以及在公共空间中的感受。

我结合哲学传统思想上的不同意见，提出了一个我认为更有力的观点，来理解我们是如何与周遭事物、与其他人相通的。我希望这种理解可以帮助我们清楚地思考目前发生的注意力危机，并且有助于人类繁衍。

在有关技术工种的注意力案例中，我们可以发现这个积极论点的重要性。我并不是要读者幻想自己成为快餐店厨师、摩托车车手或管风琴制作者，而是希望对于此类工作，从事者可以完全沉浸在特定情境中。这表明，西方公认的自我认知理论中遗漏了关于自我构成的某些部分。

这种技术形成了人与其头脑之外的世界的一种连接，这种连接使一个人与现实中的物体和他人构成三角关系。最令我惊讶的是，通过这种关系，我们可以发展出类似"个性"的东西。在大众社会之中，我们经常将个人主义挂在嘴边，却没有弄明白个人主义的真正奥义。

目录

扫码下载"湛庐阅读"App，
搜索"工匠哲学"，获取
本书注释内容。

注意力作为一种文化问题

有一天，当我买完生活用品准备刷卡结账时，写这本书的意愿忽然变得强烈起来。我专心地看着屏幕，等着它提示下一步该做什么。有些聪明人已经认识到，在接下来的几秒钟里，我将成为一个受到牵制、无法移步的观众。在刷卡、确认金额、输入密码的间隙，我看到了广告。我本以为这些间隙本身只是通信技术的产物，现在看来，它们都是被设置过的。这些中止和暂停是为某些人的利益而服务的。

类似的注意力入侵随处可见。一次，在飞往芝加哥的飞机上，我打开了前方座椅后背的小桌板，发现整块小桌板上贴满了智能手机 Droid 的广告。在奥黑尔国际机场，自动扶梯的扶手上不断出现林肯金融集团（Lincoln Financial Group）的广告语：由你做主（You're In Charge®）。到达酒店后，我拿到的电子房卡上有一面印着红花餐厅（Benihana）的广告。这张房卡也就巴掌大小，上面的内容一目了然。但不知怎的，一直没人发现它的经济价值，直到最近，情况才发生了变化。在经济学概念中，"经济"这个词表示因稀缺而珍贵。因此，当我们谈论信息经济时，我们真正想说的是注意力经济。以上几个例子就已说明，我们要探讨的是社会技术的发展，而非电子技术的发展。我们将人们不可回避的公共空间变为市场营销的站点，而这并不是"数字"本身的发展可以实现的。

虽然我们已经找到了一些方法来规避我们不想了解的营销信息，比如戴上耳塞或者埋头沉浸于自己的电子设备之中，但韩国首尔的公共汽车乘客却已感受到技术的最新前沿：广告涌入了鼻子。在公共汽车到达唐恩都乐（Dunkin' Donuts）店门前时，伴随着唐恩都乐广告的广播，一种类似于该品牌咖啡的气味会释放到通风设备之中。为了防止乘客错过信息，广播员还会提醒乘客留意气味的变化。这种广告具有侵略性和不可防备性，敏锐地将通勤者设为传播对象。闻到广告的他们可能想要喝一杯咖啡，而刚好公交站边就有！这家广告公司凭借该广告得到同行的认可，并获得铜狮奖（Bronze Lion）的"最佳环境媒介利用奖"。[1]

很多其他领域仍有待进一步发展。在很多学区，老师让学生带回家的纸质材料，比如家庭作业、成绩单、家长同意书等，背面仍然是空白的。这显然违背了空间的高效利用原则。马萨诸塞州皮博迪（Peabody）的一个学区颇有远见，正在出售这些纸张背面的广告空间。

侵入式广告只是文化冰山中的一角，注意力环境中的一些积极吸引和被动吸引一样令人烦恼。现在，随便打开一份报纸或一本杂志，就能看到关于精神生活支离破碎、注意力集中的时间缩短、普遍的注意力分散等情况的抱怨。这些情况通常与神经科学的新发现有关。新研究发现了信息发散习惯和电子刺激是如何连接大脑的。虽然注意力是个人大脑的分支，但显然，注意力分散已成为现代生活中我们需要共同面对的紧急问题，它成了一个文化问题。

　　我们的注意力受到各种要素的冲击，对冲击的敏感性必然与"强化神经刺激"有关。这是德国社会学家格奥尔格·西美尔（Georg Simmel）在 100 多年前用于描绘大都会环境的说法。试想一家公司的经理，每天收到 200 封邮件，还要花费时间应付杂乱无章、互不关联的各个待办事项。通常，我们经历注意力危机就如同经历自我所有权危机一样：在引导我们的意愿时，注意力不再只属于我们自己，我们为此抱怨连连。一个人可能在下班回到家或者度假时也要频繁地查收邮件。然而，当他在给孩子洗澡或者和伴侣一起吃饭时，就很难做到随时待命。不断改变的技术环境产生了前所未有的需求刺激。这种刺激的内容几乎是和环境毫不相关的。注意力的分散似乎表明：我们并不知道什么是值得关注的，什么是值得重视的。[2]

　　要想不被约束地回答这个问题，我们需要一个严肃认真的空间。道德家会说，人必须坚决地为自己开拓出这个空间来抵挡噪声，无法完成这个任务意味着向虚无主义投降，所有的差异都会抹平，所有的意义都将为"信息"让路。

　　社会学家可能会对我们更加宽容，认为我们的困难不在于个人道德上的失败，而在于一种集体的处境。社会学家认为现在不同于以往，以前的精神生活有诸多限制，而现在，我们即刻就能进入自身狭窄的视野范围以外的世界。当初的视野已经急速扩大，过去看似稀奇古怪的东西，现在只要点一下鼠标就能了解到。重要的是，有那么多吸引我们的诱惑，权威性的指导却变得很少。过去，这种指导来自传统、宗教或对我们提出深度要求的社区。

　　道德家和社会学家其实都没有说清什么是值得重视的，这个问题也不再由既定的社会生活形式给出答案。我们已经解放了自己。但作为自治的个体，我们常感到自己在选择的迷雾中孤立无援。我们的精神生活失去了固定的形态，而且在呈现自己有别于他人时更易受到影响。当然，这些都是精心安排下的结果，商业力量踏足文化权威的空白领域，正发挥着越来越大的作用，塑造着我们评价世界的眼光。这种力量的发挥有一定的效用范围，因此我们的精神生活大量地聚集在一起，趋向大众化，然而这却是个人选择的结果。

我们不能简单地将精神的碎片化归咎于广告、网络或者任何其他我们认为的反面工具，因为它更加综合，类似于一种存在的形式。下面这则摘自《洋葱》（*The Onion*）的具有讽刺性的新闻精妙地阐释了这一点。

盖瑟斯堡消息摘要：当地一个名叫马歇尔·普莱特（Marshall Platt）的 34 岁男子正与朋友畅谈，并在户外享受美味。他打开了第二瓶啤酒，准备过一会儿就离开，去尽情享乐。此时，他突然收到一堆亟待处理的工作邮件，还要确认参加一场婚礼。然而因为他的西南航空快速奖励账户还有问题未解决，所以他连机票都还没订。此外，他还有一堆电话没回。

"见到你们真好！"他说道。本来他马上就能尽情玩乐了，现在却在脑中准备着周五的报告，还要汇总一堆 7 号前要缴付的账单。"这太棒了！"

"还有人要再来一瓶啤酒吗？"普莱特一边说，一边提醒自己去拿环索奈德的药方，"我想我要吃点药。"

据报道，普莱特在几乎要纵享愉悦之时却陷入了心烦意乱的迷雾之中。表面上他做出与友人相谈甚欢、十分尽兴的样子，心里却在思考着给母亲买什么礼物，绞尽脑汁地想着他有没有准时提交纽约到克罗地亚一行的逐项报销，默默记着一会儿还要打电话给银行，因为他最近看信用卡账单时发现不知为何被重复收取了 19 美元的月费。[3]

我想我们每个人都能在普莱特身上找到自己的影子。"现代生活"真的如此令人不堪重负吗？确实如此。但普莱特先生还有一个更深层的困难：他不受快乐的掌控。这段描述看似在说一个个小任务占据了他的注意力，但核心问题是道德空虚。他不能积极主动地认识到与朋友相处的愉悦感也十分重要。因此，他失去了抵抗烦恼的基石，他的生活由此被占领。

显然，没有单独一门学科或单一一种思考方式足以解释注意力危机，这场危机塑造了我们这一时期的文化特征。在认知心理学的发展历程中，从威廉·詹姆斯（William James）一个世纪以前的著作，到儿童发展的最新发现，在注意力研究方面有着丰富的文献资料。在伦理学的发展历程中，有各种不同的治疗方式，这些是必不可少的。虽然还未受到广泛关注，但注意力是现象学思想传统中贯穿始终的问题。正是这种传统架起了认知心理学和伦理学之间的桥梁，我们将其成果称为哲学人类学（philosophical anthropology）。

通过这一探究，我希望能够构建我们这个时代的注意力伦理学，将其建立在对思想的现实主义叙述和对现代文化的批判眼光之上。在此，需要注意的是，我使用"伦理学"这一术语是取用它的本意，不是叙述我们应该做什么、不能做什么，而是在更广阔的层面上反映我们所栖居的社会的风气。我不愿加入文化战争，围绕"技术"展开争论，不愿成为启示力量，也不愿当救世主，更不愿做全球新智慧的先驱。我宁愿在智力的死胡同里不断向下挖掘，在更深层面上去探寻这个注意力涣散的时代——这是经过历史沉淀的产物，希望借此找到出路。

　　首先要严肃对待注意力伦理学，尝试理解我们当代认知环境的定性特征：不断交替的焦虑、欺骗、心烦意乱、筋疲力尽、如醉如痴、欣喜若狂、自我遗忘。关键是，人类是十分复杂的。作为人类理论化层面的继承者，我们发现以更直接的方式重现个人体验并非易举。在尝试的过程中，有必要仔细感受，是什么样的自我背景的假设塑造了我们的个人经历。艾丽丝·默多克（Iris Murdoch）曾说，人这种动物会自己描绘图景，然后逐渐变得与所描绘的图景越来越相似。

　　这样的图景来自人类科学的各个分支。在与我们的主题直接相关的领域里，这些科学随着启蒙运动的进程不断拓展，形成了一种关于人类的十分片面的观点。几个世纪以来我们都以此为据，但它在各个方面都已不再适合我们今天的情况。我希望能有一种更全面、更加真实也更加有用的描述，来帮助我们在目前的注意力困境中找到出路。

　　我说的可能已经超出了论点，接下来，我将简单描述这种困境的深层维度。

注意力公共区

　　我们都有过这样的经历，坐在机场里候机一小时，逃不开喋喋不休的电视节目。电视机的声音或许可以关掉，但如果电视机在我们的视线范围内，我们就不可能不去看它的画面。想要将新事物引入某人的视野范围，就需要认知心理学家所说的定向回应（orienting response）。这是捕食者世界中一个重要的进化适应，即动物会将脸和眼睛转向新事物。

电视机上每秒都有新事物，屏幕上的图像一出现，就对我们提出了要求。比如，图像出现的同时我们很难重复一段本已记住的对话。那些在候机厅里的人不管原来在想什么，都会一致地做出另一种反应：与一群猕猴几乎同时转向一条刚出现的巨蟒不同，疲惫的旅客们会非自愿地瞥一眼屏幕上出现的内容。

在类似的这些地方，人们盯着手机或翻看小说，有时候就是为了屏蔽这些设备传送到耳朵里的声音。毕竟，在个人体验中是可以达到多重世界的。在注意力技术的战争中，我们丧失了社交所需的公共空间。乔纳森·弗兰岑（Jonathan Franzen）写道："星期六晚上，走在第三大道上，我感到孤立无依。时髦的年轻人全神贯注地看着手机，就像在专注地检查一颗蛀牙……我走在人行道上，真正想要的是人们能够看见我，我也能看见他们……"

如果在某个公共空间中，人们并非自我封闭，我们的思想以更高阶的方式存在于别处，而非身体之内，那么，人与人之间自然相遇的概率将大大提升。即便我们不与他人交谈，我们也和他人共同经历了沉默，我们的注意力没有被束缚，可以自然地落在对方身上，一直持续或离开，因为我们可以自由地支配自己的注意力。成为某人沉默的对象和被他们忽视是截然不同的；即便是以沉默的方式，我们也切身体验过与他人相通的经历。这种相通总是模糊不清的，因为通过解读，通常会产生一系列想象。这使得城市充满了刺激和兴奋感。

心理学家指出，注意力可以分为目标驱动和刺激驱动，也可以根据是否服务于自身意愿进行分类。在一辆嘈杂的校车上，一位老师正在清点人数。这首先需要的是"执行注意力"，是由目标驱动的。如果窗外突然有一声巨响，此时我的注意力就是由刺激驱动的。我不一定会去窗边查看，但它已经无意识地占据了我的注意力。

定向回应也需要执行注意力的配合。如果我们要抗拒它，抗拒的范围也是有限的。就机场这个例子而言，我们可以简单地换个座位，将目光从屏幕上移开。但是未被商业入侵的视野范围似乎越来越小了，吸引注意力的技术前所未有地完全渗透到公共空间中。它利用了定向回应，引导注意力和大脑相互分离，将注意力引向经制造加工而成的信息，其内容是由能够借此得到物质利益的私人团体来远程操控的。这里我不是在谈什么阴谋，情况就是这样发展的。

我们通过机场安检的时候，政府出于公共利益会对我们的注意力提出要求。政府最初创立安检流程的目的是保护公共安全，这是十分重要的。但最近几年，我发现在远没到安检的地方就要小心定向回应了，因为过安检时放置物品的灰色筐底都印好了广告。比如，扇形陈列的欧莱雅各个色号的唇膏广告图片，在视觉上会造成错乱感，使人很容易落下一个手指大小的 U 盘。

进入安检之前，我已经处在起飞前的轻度恐慌之中，怕忘记起飞时间，怕登机口会改变，对出行时其他任何突发事件都会密切关注，更不必说我还要担心几个小时后和陌生人洽谈的细节。我的大脑已经超负荷了。而此时，我的警觉性负担又加重了，唯恐丢失我存在 U 盘里的幻灯片。我感到这是一场我和欧莱雅之间的直接冲突。

交通安全管理局也莫名地站在欧莱雅那边。谁决定要用花里胡哨的广告来装饰安检筐的？答案当然是"没有人"，"没有人"能代替公众做决定。某个人提出了建议，"没有人"似乎做出了唯一合理的回应：既然存在"低效"利用的空间，那为何不用来"告知"公众一些信息，创造一些"机会"。提出这个想法的人理所当然地认为公众也是这样想的，而全然不顾公众的即时体验。我们的不满终究徒劳无用，然后渐渐消散，因为没有公众话语来澄清这一点，而且我们反而会反思：我为什么要生气？所以，是时候来改变这种应对方式了。

在主流的心理学研究中，注意力被视为一种资源，每个人的注意力都是固定的。但我们却不曾想过要以个人名义捍卫自己的注意力资源。目前还没有形成固定的学科来专门研究注意力资源，这个学科应该考虑到现代认知环境的特殊侵犯。对此，我想提出"注意力公共区"（attentional commons）的概念。

有一些资源是我们共有的，比如我们呼吸的空气和饮用的水。我们对此习以为常，但正是因为这些资源得以广泛利用，我们才能做其他的每一件事情。我认为安静就是这样一种资源。更准确地说，我们习以为常的珍贵资源是不需要进行处理的，如同清洁的空气使得呼吸顺畅。从更广义的层面来看，安静使人得以思考。在有熟人陪伴或向偶遇的陌生人敞开心扉的情况下，我们会心甘情愿地卸下防备。但是以机械化的方式来处理和应对，就完全是另一种情况了。

我们从未探讨过安静这种资源的好处。它不像国内生产总值（GDP），无法用计量经济的工具来丈量，但安静一定对创造和革新有益。在社会统计的数据中没有将安静明确标示出来，但是人们在受教育的过程中消耗了大量的安静。

如果清洁的空气和水不再触手可及，必将带来巨大的经济损失。这一点很容易理解，因此我们才制定法律规范来保护这些公共资源。我们知道它们重要且脆弱。我们也知道，如若没有健全的规范，空气与水将会落入部分人的手中，而使其他人无法使用。这并非出于恶意或无心，而是因为这样能够创造经济利益。当这种情况出现时，我们可以将其理解为财富从普通大众转移到了私人团体手中。

早期的一些国家没有任何公共利益的概念，也没有建立良好的智力基础来保护诸如清洁空气和水之类的共享资源，这些国家的公民都生活在非常恶劣的环境当中。现在，我们虽然生活在由法律规范来保护公共资源的社会中，但就注意力资源而言，我们与早期那些国家的发展类似，因为我们还未将注意力真正视作一种资源，因此没有人要去保护它。[4]

我们是否已经认识到，安静已成为奢侈品？在戴高乐机场的商务舱休息室里，你偶尔可以听到汤匙敲击瓷器的声音，但是墙上没有广告，电视机里也没有。比起其他任何空间，这里更加令人由衷地感到奢侈。进入自动封闭门后，门呼的一声在你身后关上。你的感受像从毛料摸到了缎面一般。你眉眼舒展，颈部肌肉放松，20分钟后就疲惫感全无了。麻烦解决了。

然而，在休息室外面充斥着机场噪声。注意力被套现了，你若想要回注意力，就必须付费进休息室。

随着公共区域被挪用，一种解决办法是，有条件的人离开公共区域，去商务舱休息室等私人场所。想想看，就是商务舱候机厅里的这些人决定了公共休息室是什么样的，我们可能会开始从政治角度思考这些问题。要想利用机场里的闲暇时间，投身于有趣的、创造性的思考，并尽可能地为自己创造财富，就需要安静。但是在公共休息室里（或公交站旁）的其他人的注意力，可以被视为一种在创新营销理念操纵下购买力的长期储备资源。这个理念正是拜商务舱休息室里的"创意人员"所赐。当一些人将另一些人的想法当作资源看待，这不是在"创造财富"，而是在转移财富。[5]近几十年来，我们经常讨论中产阶级的衰落，财富越来越多地集中在少数精英手中，这可能是因为在我们的允许之下，注意力公共区被愈加放肆地占用了。

大数据时代尤其如此，我们发现自己成了注意力技术获取的目标，这些技术不仅越发普遍，而且针对性更强。我们经常说起数字生活中的隐私权。除了大家通常担忧的网络安全和身份窃取，我其实并不那么担心数据贩卖、信息暴露。我认为，我们需要明确在概念上模糊的隐私权，要在其中补充不谈隐私话题的权利。当然，这不适用于和我面对面交谈的个人，但可以适用于从未露面的人，这些人将我的思想看作可以通过机械化方式来获取的资源。

大部分注意力是属于个人的。我们选择自己关注的东西，从真正的意义上来说，这决定了对我们而言什么是真实的，我们意识中真正呈现的是什么。因此，挪用注意力是一件非常私人的事情。

但我们的注意力确实被引向了一个共享的世界。注意力不仅仅是个人的，一个很简单的原因就是注意力的目标通常也呈现在他人面前。的确，道德会向我们提出要求：必须关注这个共享的世界，不要封闭在自己的内心之中。艾丽丝·默多克说，这是一件好事，一个人"必须知晓一些周遭的环境，尤其是周围人的存在和他们的诉求"。[6]

试想一个人一边开车在拥挤的城郊商业区中穿行，一边打电话，此时一辆摩托车从旁边的车道驶过。边打电话边开车就如同酒驾一样[7]，是否将手机拿在手中并不重要，问题在于交谈会占用注意力资源，而注意力资源的总量是有限的。这尤其会损害我们注意和记录环境中新事物的能力，心理学家称其为非注意盲视（inattentional blindness）[1]。边打

---

① 又译为"无意视盲"。在《看不见的大猩猩》一书中，对这一概念有详细介绍。该书中文简体字版已由湛庐文化策划、北京联合出版公司出版。——编者注

电话边走路的行人，其行走路线会更迂回曲折，也更容易改变方向，穿行马路的时候尤其危险；这类人也表现出善于社交，但不容易认可他人的倾向。一项实验发现，即便是小丑骑着独轮车从他们身边驶过，他们也不太可能注意到。[8]一个有着这种注意力缺失的人，在一辆 2 吨重、200 马力的汽车后面，他真该感激对方没把自己害死。在注意力公共区中，必须环顾四周，这是公平的要素之一。

分心驾驶的研究还有更加有趣的发现，其中之一就是虽然打电话会影响驾驶安全，但与车里的乘客交谈却不会。因为车里的人可以根据驾驶情况调整对话，实现合作。[9]例如，天气不好时乘客倾向于保持安静。在乘客与司机共存的环境中，乘客是司机的另一双眼睛，可以帮助司机提高注意力和快速响应特殊情况的能力。

公共区的概念适合用来讨论注意力。首先，利益团体对于我们的意识渗透，通常是通过占用我们在公共空间中的注意力来实现的；其次，我们确实在某种程度上亏欠彼此的注意力和伦理关怀。意识渗透中的"渗透"这个词，恰好将我们放在政治经济学的思维框架中，政治经济学展现了我们在私有资源的公共交换中对公平的关注。

注意力修行

存在主义作家西蒙娜·韦伊（Simone Weil）和心理学家威廉·詹姆斯都曾表示，努力关注一件事能够训练注意力。这是一个可以通过实践来建立的习惯。竭尽全力解决一个自己没有兴趣的难题，例如一道几何题，能练习一个人集中注意力的能力。韦伊认为，这种注意力修行是与精神怠惰相对抗的"负努力"，具有重大意义。"我们灵魂中对于真正集中注意力有一种强烈的抵触，远大于身体对于肉体疲惫感的抵触。相较于肉体，精神与邪恶更为紧密相连。这就是为什么每一次我们想要集中注意力时，我们都摧毁了自身的邪恶。"因此，学生必须"抛开天生的能力和兴趣，同等地致力于各个任务之中，以使每一次任务都能帮助他们养成自己的注意力习惯，这就是成功的本质"。

需要指出的是，有人说韦伊是个神秘主义者。大多数人会探究什么才是学生的最佳学习方式，她却更痴迷于修行。韦伊思考人类存亡，这使她有了戏剧性的一生，我们赞赏她强调教育中修行的重要性。持续关注某一事物要求我们积极排除其他所有会吸引注意力的事物。此外，它还要求自我管理的能力。

相应地，面对诱惑的自控能力的确好像通过简单地将注意力转移到他处就能大幅提升。在一项经典的心理学实验中，沃尔特·米歇尔（Walter Mischel）和 E. B. 埃布森（E. B. Ebbesen）给接受测验的孩子们两个选择：一是立刻得到一颗棉花糖，二是等 15 分钟后得到两颗。[10]手里拿着已有的一颗棉花糖，有些孩子立刻就忍不住狼吞虎咽地吃了，有些还小小地挣扎了一番。但仍有约1/3的孩子做到了延迟满足(deferring gratification)，从而得到了更大的回报。在实验过程中，这些孩子将自己的注意力从棉花糖上转移开，他们在桌子下面做游戏、唱歌，想象棉花糖是一朵云。[①]12 年后对这批孩子的后续研究发现，这种早期的自我管理表现比起智商和社会经济地位等其他因素，能更加准确地预测他们的人生成功与否。研究者解读这些研究成果时说，使这些成功的孩子有

---

① 关于这个实验，可以进一步阅读沃尔特·米歇尔的经典著作《棉花糖实验》。——编者注

别于他人的，并非传统理解上的意志力，而是他们能够对注意力进行战略性分配的能力，因而他们的行为不会被错误的想法所左右。自我管理和注意力一样，是一种有限的资源。进一步来说，两种资源紧密相关。因此，如果向某人下达一项任务，要求他在较长时间内控制自己的冲动，那么在此之后立刻进行一项需要注意力的任务时，他的表现会变差。

　　如果没有依照我们的意愿引导自己注意力的能力，那么我们就会更加听从于那些希望依照他们的意愿引导我们注意力的人，例如听从无处不在的棉花糖供应者。人们自我管理的能力和集中注意力的能力一样，在逐步弱化。我认为这对经济发展有利。但如果只能通过继续加快"强化神经刺激"来推动消费资本主义，那么这种经济生活和在此之中的居住者之间将会产生根本性的对立。因此，问题就会随之产生。

个性

　　媒体已经成为提供刺激因素的高手，我们的大脑难以抵抗这些刺激。这就如同食物工程师已经成了食物专家，通过掌控糖、脂肪和盐来烹制"超级可口"的美食。[11] 精神上的分心完全等同于身体上的肥胖。

　　某些精神刺激的适口性似乎是本能的，就像我们对糖、脂肪和盐的口味感知一样。生活在高度程式化的环境中，自然世界开始变得索然无味，就像西兰花之于膨化食品一样。刺激本身会引起更大的需求；一旦需求没有得到满足，人们就会感到焦虑不安，甚至饥渴。

　　一种后果是我们变得越来越相似。我翻开一本亚里士多德的书，想读一读他深奥而精辟的希腊文字。看了几行，我整个人靠着椅背，手指开始敲打桌面。这是星期二的晚上，于是我打开电视，看起了《混乱之子》（*Sons of Anarchy*），与460万个亲密的朋友分享观看体验。第二天，我就有了和人聊天的谈资。毕竟，我不是个怪人。如果我前一天晚上沉浸在《尼各马可伦理学》（*Nicomachean Ethics*）之中，可能现在我还在不合时宜的冥想中天旋地转，在认识我的人听来，这太奇怪了。

巨大的文化后果因此产生，令我们无法专注在一些不是立刻显得那么吸引人的事物上，造成我们缺失坚定地支持或反对思想多样性的能力。意识到坚持集中注意力训练的重要性，也就意识到了思想和情感的独立性是脆弱的，而且需要某些条件。

什么样的生态能够维持强健的思想多样性呢？我们通常认为，多样性是自由选择的自然结果。但是营销中的理想化选择和服务者对于自由的偏见都倾向于人类单一文化：后现代消费者个体。至少，当我们不断获得符合我们需求的刺激时，市场似乎确实有这样的效果。你要成为怎样的异常者、怎样一种自我控制的怪物，才能抵抗那些设计优良的文化棉花糖？

一种普遍的观念是，自由意味着能够自由地满足一个人的偏好。偏好本身是不能用理性来审视的，它们表达了自我的真正核心，当满足偏好的行为没有任何妨碍时，自由得以实现。理性发挥纯工具性的作用服务于这种自由。理性是一个人的能力，用来计算达到自己目的的最佳方式。关于目的本身，出于对个人自治的尊重，我们会有原则地保持沉默，否则就会陷入家长作风的风险。因此，自由主义不可知论关于人类善意的观点与营销的理想"选择"相一致。我们利用后者，将其作为原始的善意，使每一个真实的选择沐浴在带有些许平等意味的自治之中。

这一套互相强化的关于自由和理性的假设为经济学学科和政治学学系中的"自由主义理论"提供了框架。这一切都非常一致，甚至美妙悦耳。

但在对现代生活的调查中，我们很容易发现这种问答难以全面描述我们的现状，尤其是过度膨胀的真实的自我偏好。这些偏好已经成为社会工程的目标，这些工程不仅拜政府官员所赐，也出自有大数据支撑的、资金雄厚的大型企业之手。个人偏好表达了自我主权，因而神圣不可侵犯，无法用理性来审查。继续强调这一点就是自欺欺人。我们沿袭自由主义传统，坚持我行我素地去理解自由和理性，这使我们失去了面对巨大社会压力的重要能力。

如果我们希望保持人类的多样性，使其免于灭绝的话，我们对于偏好满足和服务者占领自由的表达，似乎并不适合现状。假设我们定期将膨化食品空投到整个禁猎区，我们会发现所有的食草动物会立刻爱上这种食物，喜爱程度更甚于以往任何乏味的幼虫或草根。不出几年，狮子就会认为狩猎不仅野蛮，而且不便；猎豹最终会苏醒过来，不断奔跑；草原将由三趾树懒所统治，而且是跟膨化食品颜色相近的橘色皮毛的那种。

我去过拉斯维加斯，这个地方存在的唯一目的就是通过挖掘你的偏好，让你身无分文。拉斯维加斯女郎的广告随处可见，一下飞机就会令你应接不暇。这些形象就像绳子一样绕住你的脖子，然后猛地一勒。一旦最初的兴奋逐渐消失，你会不知自己身处何地。地方植物群也无法再竞争空气和阳光。没有任何一种感觉是不因工业力量而紧迫的，没有任何一种感觉是标准化之外的需求，没有任何一点微妙的东西会在这种残忍的已经套现了的注意力环境中孕育。

一天后，我必须离开，于是我租了一辆车。在穿越沙漠的途中，我经停了印第安人居留地的加油站、老虎机游乐场、贩酒商店、烟火商场。几百年前，欧洲人发现印第安人对生存环境极其适应，对此羡慕不已：

他们是天生的贵族，蔑视劳动，沉迷战斗。在欧洲，农民困于农业工作的劳苦，焦急地储备粮食以备不时之需。而印第安人则不同，看起来更加自由，因为他们自信能忍受艰苦；他们看起来更加悠闲，因为他们身体强壮。不管这影射了什么，不管这种贵族野蛮人的形象满足了欧洲人怎样的想法，这里确实存在着文化差异，为进行自我批评提供了外部参考。

然后就有了酒、快餐、卫星电视等。显然，这些东西挖掘了人的欲望，而在这些东西到来之前，欲望原本深藏于印第安人的生活中。而且，显然在这些似糖似毒的科技的帮助下，欲望战胜了印第安人，又与他们融合。诚然我的观点有些表面，我认为这个居留地的居民除了经济困难以外，也在不断堕落——小小的路边商场恰恰是未来的一个缩影。

人类与其他动物之所以有区别，其中一个原因在于，人类是能进行审视的生物。我们对自己的活动持辩证的立场，并且渴望指引自己经过判断去追求更具价值的目标或项目，而不是那些只能提供即时愉悦感的活动。动物是以固定的欲望为导向的，我们也是如此。但我们可以形成二阶欲望，即要有一个欲望的欲望。我们会想象我们想要成为什么样的人——不是一个因自控力更强而更好的人，而是一个因更有价值的欲望而更好的人。

决定一个严肃的人有什么样的品位的过程就是教育。教育还有未来吗？经过设计的高度满足需求的精神刺激出现在我们的生活中，不禁令人产生这样的疑问。印第安人的生活世界改变了，同样地，我们的注意力环境也处在改变之中，由此强化了个人自决理念和自控教育的局限性。我们都身在其中，因而带有政治意味。

实现连贯的自我

我们与环境相连，但想要思考就需要忽视环境。因此，当回忆某一事物时，我们通常会凝视空无一物的天空，或者避免盯着眼前的场景。同样地，试图预测未来并为之做出计划是一种想象行为，需要从当下抽离出来。亚瑟·M.格兰伯格（Arthur M. Glenberg）在《行为科学与脑科学》（*Behavioral and Brain Sciences*）杂志上发表过一篇颇有影响力的文章，他用进化的观点解释了为什么这种思考使人感到费力。

抑制环境是很危险的，因为我们忽略了环境特征在通常情况下具有控制作用。"你的努力就是一个警报信号：你要小心，你没有专注于你的行动！"某些行为可以用这种说法解释。格兰伯格观察发现："在解决一个智力难题时（这个难题需要抑制环境），我们放慢了步调以避免伤害。" [12]

他继续给出了完整的建议："自传式的记忆是从对环境的抑制中产生的。"儿童两三岁时，会发展语言能力，学习通过叙述来梳理和回忆自己的经历，由此开始形成连贯的自我观念。这需要抑制环境输入，使儿童能够控制自己的所思所想。相反，语言使用能力也为抑制环境、掌控回忆过程提供了支持。

虽然其他动物也一定有记忆和学习能力，但人类是唯一可以不靠环境提示而自觉进行回忆的物种。[13] 但我们也只有在环境不对我们的注意力提出紧迫要求的情况下才能做到。正是在这些时候，我们试图追溯过去，在我们的经历中找到（或施加）连贯性。如果我们目前因文化或技术创伤影响了抑制环境输入的能力，那就有一个大问题：这种人类特有的找寻连贯性的行为会因此而岌岌可危吗？

可以肯定地说，我们抑制环境的能力相较于之前会处在更大的压力之下。这种压力在成年人身上可能尤为明显，因为他们已经形成了自己的注意力格局，现在却发现注意力被更为精心设计的东西所侵占。人们普遍认为，年轻人会感到舒服得多。然而问题在于，我们是否应该为了舒适而选择舒适。

换言之，对人类繁荣有重要意义的东西是否处于危险当中？对这个问题的回答取决于如何理解"理性主体"。我将简单阐述两种不同的立场。

第一种立场，人类讲述故事、寻求连贯的自我，其实是说人类做事是事出有因的。我们通过语言将这些原因提供给他人（和自己）。这就是理性主体的做法，不是像台球一样靠撞击的力量前进，也不是像动物一样完全居于环境之中。我们有独特的属性，想要证明自己，并且建构叙述来表达思考，因而使行动看起来是一个值得的选择。这种叙述常常是自我服务和自我欺骗的。虽然我们可能不善于此，但确实，正如哲学家塔尔博特·布鲁尔（Talbot Brewer）所言，我们在不断努力"使我们和我们的合理欲望向自己表述清楚"。

如果格兰伯格对记忆和环境抑制的观点是正确的，那么这种自我表达的叙述行为和忽略事物的能力是同时出现和发展的。而且，因为自我表达是我们从未完成的事情，忽略事物的能力将有重要意义，对于一生中塑造和保持自己的理性主体空间，抵抗环境刺激的流动变换，都是如此。当我们的注意力通过广泛的高度满足需求的刺激被机械化挪用时，会发生什么？就第一种观点而言，岌岌可危的似乎就是实现连贯自我可能性的条件。

　　第二种立场，或另一组立场，会对这种忧虑有所不解，因为它们认为理性主体不过是一种幻觉。在一些人类科学的分支中，这种立场显而易见。行为经济学意识到心理学的重要性，结合心理学发现，我们行动的理由常常是我们自己不解的，不能用理性来审查。任何一次我们解释理由，都更像是事后我们告诉自己用的，所以试图用这来理解人类行为是离题的。这个学科研究的主题是行为，并赋予行为独特的人类特性，而非研究伴随该行为的自我理解。

　　神经伦理学进一步推进了这一论点：自由意志不过是幻觉。我们在做重大决定前会深思熟虑，然而这只是我们大脑所产生的电波，其效果只是造成我们无法清楚地认识到早在我们有意识以前就已经做出了决定。据说，这种电波是为了服务于某些我们还未发现的进化功能。但神经伦理学家认为，很遗憾，这也产生了形而上学的对于思维存在的迷信。[14]

　　就这个观点，我们不应投入太多时间来区别台球和人类，也没有理由去警示我们注意力环境的改变，因为这加起来也不过是一系列影响人脑感官输入的改变之一而已。我们珍惜自我"连贯"，而这恰恰是在成长过程中应该抛弃的迷思。我们甚至可以想象一个坚定的神经伦理学家正在调查我所描述过的机场情景，看了以后感到颇为满意：也许一个能充分提供刺激的环境就不会使我们沉浸在说理之中。人们会通过说理这种古怪的行为认定自己具有某种特殊性。

　　我们一定要在两者之间做出选择吗？一是痛骂反精神，二是警惕理性主体确实存在。正如我所说的，理性主义立场的问题在于过于强调精神，即太过刻意和个体化。那些曾经投入于检视人生的人，几乎不会有意识地努力"向自己表达他自己和他的合理欲望"。但剩下的人会站在机动车辆管理局那一边吗？毕竟，这听起来不像是日常事务，更像中年危机。

还有一种思考的角度。如果生活的连贯性在某个重要方面具有一种文化功能，那会怎样？如果我们和同伴们都处在塑造生活的规范和习惯中，那又会怎样？在这种情况下，文化就相当重要了。也就是说，环境相当重要，如果我们一方面采用内在的、充分表达的理性主体模式，另一方面赞同反精神的、以大脑为中心的观点，那么环境就远比我们想象的要重要得多。

情境中的自我

目前困境的其中一个因素是，我们不像过去那么多地参与日常活动，正是这些日常活动构建了我们的注意力，比如仪式。如何回答"接下来该做什么"这个问题？如果我们列举礼拜仪式的内容，就没有选择和思考的负担了。但我关注的是另一种活动，不像仪式那样机械化，也不像个人选择那样简单，那就是技能实践。

例如，为一个重要场合精心准备一顿料理。在这类实践中，"接下来该做什么"这个问题的答案不在我们的头脑中，而在我们与物品和其他人的关系中。这些关系建立了精密准确、组织完善的注意力模式，我称作注意力生态。无论多么短暂，它都可以使我们的精神生活连贯起来。在这种生态中，一个技能娴熟的实践者会根据环境特征调整他的行为，额外的信息会得到抑制，无关的行动步骤会消失。所以，选择得以简化，动力得以累积。行动便会畅通无阻。

　　在《摩托车修理店的未来工作哲学》(*Shop Class as Soulcraft*)[①]一书中，我曾经写过日常生活的去技能化。核心主题就是探讨个人能动性：看到你的行为对世界的直接影响，并且知道这些行为都是出自你的真心。我认为真正的能动性不仅仅来自我们在自由意志下做出的选择，比如购物。虽然有些矛盾，但它也来自我们对棘手难题的"投降"，不管是学习乐器、打理花园，还是建造桥梁。

　　本书将会在第一部分"与事物相遇"中从一个不同的角度详细阐明一系列相关的观点。我认为事物确实会通过构建我们的注意力为我们树立权威。物品的设计，例如汽车和儿童玩具，影响了我们参与相应活动的方式。设计建立了注意力生态，或多或少地满足了技能熟练的要求，使行动不受阻碍。

　　"投降"和"权威"两个术语在现代人听来有些刺耳，使用在这里可能是最令人意想不到的。我不是在论证要收回我们的精神自由吗，但事实上，我认为注意到某一事物的意义并不是简单地像流行于西方的人类学所言：将自治看作人性善良的核心。

　　依据字面理解，自治意味着为自己建立法则。自治的反义是他治，即被与己不同的事物统治。一种文化如果建立在这种对立的基础上，即自治是善，他治是恶，就很难清晰地认识将我们与世界相连的注意力，因为你头脑之外的一切都被视为潜在的他治资源，会对自己构成威胁。

　　这听起来似乎有些夸大其词，但它其实隐藏在某些早期现代思想家传递给我们的观点之中，这曾是一种激进的自由新概念。若要正确对待注意力现象，我们需要努力克服这种概念。这是本书的插曲"自由简史"

----

① 　本书中文简体字版已由湛庐文化策划、浙江人民出版社出版。——编者注

部分的明确主题。现在，我只会简略地提醒读者留心观察书中的矛盾线索。矛盾的地方在于自治的理想似乎与注意力生态的发展和繁荣相悖，而只有在丰富的注意力生态中，思想才会更强大，才能实现真正的独立。

在接下来几章中，我们会思考环境以怎样的方式构成了自我，而非损害了自我。注意力是构成或形成过程的核心。当我们能够胜任某种实践，我们的感觉会受到这种实践的训练，我们会习惯于情境中的某些相关特征，而旁观者是不会注意到的。通过某种技能训练，在世界中行动的自我会定型。它会逐渐形成适应关系，适应自己所掌握的世界。

强调这一点会使我们与一些普遍的文化反射产生分歧。随便翻一翻书店里自我成长类型的书籍，里面都会教你现代生活的核心是要选择自己想要成为什么样的人，并且通过意志的努力实现自己的改变。这是英勇无畏，没有限制，最终毫无意义的自我塑造。集中注意力的自我，处在与所理解的世界相适应的关系之中；自治的自我，处在创造性地掌控与所投射世界的关系之中。

可以肯定，后一种自我理解有自恋倾向，也会使我们更容易受到操纵。当要求单个个体定义自己时，我们发现自己会产生各种焦虑，受到各种指导。我们也会感受到一些不自由，这些不自由被狡猾地包裹进自治的言论：没有限制！信用卡也会这么告诉你，“由你掌握”。自治的言论高谈消费者至上，满足其各种偏好。要想发现真正的偏好，就需要将面临的选择数量最大化，准确地说就是提供条件，实现能量的最大消耗。自治言论是一种奉承谄媚的说话方式。它认为我们拥有自由的权利，自由就是从环境施加的限制中解放出来。

针对这种对自由的理解，我想反向提出一个人类优越性的所在，那就是拥有强大的、完全独立运转的头脑。这种独立性是通过注意力约束实现的，是通过与世界相联结的行为实现的。而且很重要的是，约束正是由那些环境的限制所提供的。

注意力使自己处于与外界的适应关系之中，这个说法是贯穿本书广义人类学主张的一部分：发现我们处于并非由自己所创造的世界之中，这种"处于"是人类的根本。

我将会强调这种"处于"的三个要素：我们的具体化，我们深刻的社会性，我们生活在特定的历史时期。这与本书中的三个主要部分对应，分别是："与事物相遇"、"与他人相遇"和"传承"。在这几部分中，我会重新解读现代传统中我们通常认为的个人意志的负担，也就是不自由的来源，我不认为是它们限制了有价值的人类表现。

通常在这个时候我会说，我的论点里谈的是真自由而非假自由。但是在这里，我不想把"自由"视为一个被认可的术语。这个词会令人太过紧张，承担过多的文化任务，已经变成了强调自治形象的语言反射。这样会使我们无法认清目前注意力困境的源头，因为我们又搬出了产生这种困境的核心教条。

几百年来，西方的理想化自我一直力图通过使外界遵从个人的自我意志来确保自由。现代思想的创始人通过将物体视为思想的投射来实现这一点；我们只通过它们的表征来与它们接触。21世纪早期，我们的日常生活充满了这种表征，我们开始变得与启蒙思想设想的人类越来越相似。表征如此强大而又普遍，以至于我们生活在间接的存在之中。问题是，在这种存在中，我们自己也变得更加顺从，顺从于任何有能力创造最迷人表征的人，或任何掌控公共空间入口的人，因为我们必须通过这些入口才能处理生活事务。

自治言论起源于启蒙运动的认识论和道德理论，在那个时代引起了反对各种形式压迫的重要论战。但时代已经改变。本书的哲学计划是要重拾真实，反对表征。这就解释了为什么这里认可的中心术语不是"自由"，而是"主体"。因为正是在我们从事技能实践的时候，世界才展现在我们眼前，有它自己的现实，独立于自我而存在。相应地，我们看到自我，是因为自我处在情境之中，而不是自我创造了自我。英语attention（注意力）一词的拉丁词根是tenere，意思是"伸展"或"拉紧"。外物为思想提供了附着点，它使我们抽离自我。正是在自我与真实而残酷的他者相遇的过程中，美的事物才可能产生，比如冰球运动员控球的熟练度。

与真实的世界相遇是快乐的。人造的现实只是苍白的赝品，它将失去对我们的掌控。这并不是说熟习某种技能就能免于分心。我坚信本书有疗愈作用，但不会立刻见效。注意力文化危机使我们得以检视自启蒙运动以来，我们一直坚信的人类学图谱，也使我们重新思考我们如何与头脑之外的世界保持联系。只有深远的思考才足以应对我们面临的挑战。

THE WORLD BEYOND YOUR HEAD

第一部分
与事物相遇

PART 1

ENCOUNTERING
THINGS

01

夹具、助推
和注意力生态

The Jig, the Nudge,
and Local Ecology

夹具

　　若一个木匠想把 6 块木板切成同一长度，他不会丈量、标记每一块木板，再小心翼翼地用锯子沿着每一块板上的线锯开。他一定会制作一个夹具。夹具就是一种可指导重复性行为的装置或程序，通过控制环境，使行为顺利进行，并且不费脑力。如果是在施工现场而不是在工作室内，木匠会利用手头的任何物件来制作夹具，可能通过将新砌起的煤渣砖墙整齐的边缘抵住每一块木板，把木板并排放在锯木架上。然后测量第一块和最后一块，点出切割线，再将一块笔直的夹板沿着线钉在上面，使其穿过整排木板，作为切割时的参照物。接下来，只要沿着夹板边缘推锯，6 块木板的长度便一样了。

　　夹具的使用减少了环境造成的自由度，使过程更加稳定，并且减少了记忆和肌肉控制上的负担。夹具的概念可以延伸至手工制造领域之外。大卫·基尔希（David Kirsh）在其经典文章《空间的智能使用》（*The Intelligent Use of Space*）中指出，夹具是实践者经常使用的工具，如果我们也使用夹具，我们可以对环境进行"信息化"加工。

　　一个调酒师从服务员那里接到酒单：一杯伏特加加苏打、一杯精选红酒、一杯马提尼和一杯莫吉托。调酒师会怎么做？他会将四种酒所需要的四种不同酒杯排成一排，这样就不需要再记住酒的名字。如果在调制第一张酒单时又有顾客下单，他就继续把杯子摆好。如此一来，下单顺序和单子内容都能通过空间放置呈现，尽可一览无余。而且都摆在眼前，而非在他头脑之中。人的脑容量是有限的，因而这种做法值得嘉许。

假设有一个上早班的快餐店厨师。他在享用完自己的咖啡后，早晨的第一张订单就来了：香肠、洋葱、蘑菇煎蛋卷配小麦吐司。厨师将切好的香肠放在锅旁，把洋葱放在香肠旁，接下来摆着的是面包，最远的是蘑菇。材料摆放的空间顺序和烹饪它们的时间顺序一致：锅热了以后，香肠溢出的油脂可以用来炒洋葱，洋葱的煎炸时间相较蘑菇要长。他把面包放在洋葱和蘑菇之间，以提醒自己何时开始烤面包，面包烤好之时恰好煎蛋卷正要出锅。下一步出锅的是什么就要看火候如何了。他轮班时火一般都调在同一挡，这是他在长期实践过程中形成的一套自己的烹饪规律。煎蛋卷的声音和香味提醒他该把火关小，然而他会将平底锅移开，在边上放一会儿而不会把火关小，这可能正好是他找滤器的时间。这样，火的热度通过空间编码进入了环境之中，可以通过余光观察到。这里也有时间维度，时间变成了在厨房里忙碌时身体节奏的一部分。他不需要弯腰去看火苗，也不需要转动旋钮调整火候。他煎蛋卷时的脑力工作得以减少，而且具体呈现在实体空间的安排上。

基尔希发现实践者会不断重新安排物件，使得以下活动更便捷：（1）对任务进行跟踪；（2）想出、记住或注意到能提示下一步行动的特征；（3）预测行为的效果。他观察到，厨师会将刀或其他器具放置在接下来要使用的食材旁，有经验的厨师一看便知需要依靠有意识的分析过程来完成记忆。而通常没经验的新手厨师在操作过程中会犹豫不决，费时思索。专业人士懂得化繁为简，他们会部分加工或信息化重组周遭环境。[1]

　　一块具体的夹具降低了人们必须应对的物理空间自由度。通过在环境中置入吸引注意力的物件，比如把刀留在某处；或者将环境变为有利于将注意力从某处移开，如节食者会把某些食物摆放在目光不可及之处，人们就可以信息化地加工周遭环境来控制自己的精神自由度。最终的结果就是要保持各个行为按部就班，根据特定指导目标，合理掌控自己的注意力。这样做利于人们对环境做出相应的调整，而且事实上这是技能活动从事者习以为常之事。一旦我们足以胜任一项技能，我们通常不会再依靠集中注意力和管理自我的能力，这些高端的"执行"功能是极易被损耗殆尽的。相反，为了最低限度地利用这些珍贵的脑力资源，并达成目标，我们会寻找利用环境信息的各种途径。

　　可以说，高水平发挥在某种程度上得益于绝佳位置。当我们看到一个厨师完成一整套流程的时候，我们看到的是一个栖居于厨房中的人，厨房这个行动空间从某种意义上说已经成为他自我的延伸。

　　餐馆的订单不断增加，且订单上的菜品多有重复，由于厨房内的可用工作空间非常有限，因此不能一张一张订单分开处理，也不能按照既定的时间顺序来摆放食材。对一个偶然的观察者而言，这看起来似乎是杂乱无章的，而且厨师必然会即兴发挥，因为他制作菜品的顺序可能是相互矛盾的：是按照接单顺序，还是合并一模一样的订单以求高效，还是类似订单同时处理，又或者按照食物的不同烹制时间顺序处理订单，再或者同一单食物同时完成，以保证每一道菜都保持美味和热度。

可能新来的助理厨师昨晚把青椒切得太厚了，导致烹调时间变长了。对厨师而言，他全神贯注于大火爆炒的排骨，这个小插曲对他不会有什么影响，只会稍稍延长青椒的烹饪时间。在这段延长的时间里，他可能会趁机踮脚转个圈，跳一小段电影《机械公敌》（I, Robot）里的舞蹈。也许在把青椒煮熟需要的额外 45 秒钟内，刚好能煎个蛋。"我是一台机器！"他让餐厅的服务员了解这一点。生意越繁忙，他就越多地处于"开机"忙碌的状态。

这种情况或许不会出现在按键式操作的麦当劳厨房，那里所有的食物都是流水线上的产品。在这种情境下，夹具的功能是非常精细的，而且是由发明者之外的其他人来进行严格操作的。流水线的意义在于，用非技术型工人就可以完成的程序化工作来取代原有的技术性工作。20 世纪早期，流水线出现后有了这样一句话：便宜工人用贵夹具，贵工人只要有工具箱就够了。

在一项技能实践中，夹具处在坚持流水线和理想化自治这两个极端情况之间。自由与制度的较量，在技能实践中显而易见。在这种较量中，我们可以了解人类能动性的重要一面。

我所描绘的这类厨房，可以视作一个注意力生态系统，及时为顾客提供食物的外部需求导致了一种松散的组织结构。在这其中，厨房人员自己建立了内部流畅、适用的行为顺序。在行动过程中，他们依靠不同的夹具使其注意力得到合理分配。

这与认知科学中正在发生的一项转变一致，即人类是具有"延展"认知或"嵌入式"认知的。目前，这个说法仍有争议。意识延展论领军人物安迪·克拉克（Andy Clark）提到过："高级认知关键取决于我们分散推理的能力，即通过复杂结构结合已有知识和实用智慧，将脑力置于语言、社会、政治和制度约束的复杂网络之中，以此减少个体脑力的负担。"[2] 上述约束即可被称为"文化夹具"。

举一个环境如何决定"高级认知"的典型例子：做算术。心算 18×12 并不难，比如 $18 \times 10 = 180$，$18 \times 2 = 36$，$36 + 180 = 216$。我们可以把复杂问题化为几个简单问题，最后再进行重组。能做到这一点是因为我们的"工作记忆"每次可以同时应付 3～5 项任务，但对大多数人而言也仅限于此。这是认知科学中较为可靠的一项发现。[3] 如果要求一个人心算 356×911，这需要同时处理多项任务，就变得颇具挑战，那我们会怎么做？我们会依靠纸笔。

借由这种权宜之计，我们的智能得以大幅提升：长除法、代数、计算建筑构件的承重、造宇宙飞船。有些读者可能会有这样的经历，手里没有笔或者电脑没打开就无法思考。对此有很多的比喻：我们将部分思考"卸载"到周边环境中，或者我们吸收外界事物的方式就像外科修复术一样。重点是，若想理解人类认知，就不应只关注脑壳里面发生了什么，因为我们的能力很大程度上是以环境为"支架"的，包括技术和文化实践，这是我们认知系统中不可分割的一部分。[4]

这种论点同样适用于道德能力吗？我们已经认识到，精神集中时纯粹的认知能力与自我调节中的道德能力之间并非界限分明。让我们以最简单的方式来理解这个问题。我们可以提取出我们面对公共政策领域的争议时所采取的态度，然后用在特定环境中的自我，来看看有什么有趣的发现。

助推

现在看来，20 世纪在经济与公共政策领域流行的关于人类的观点似乎有些令人难以置信。曾经，我们认为人类是理性的生物，能够收集任何与环境相关的信息，通过计算找到达成特定目标的最佳方式，然后进行相应的优化改进。这种假设认为人类能够做到这一点，是因为我们知道自己想要什么，能够通过简单计算实现目标，是因为我们的利益互不冲突。每个人都处于同样的"效用"尺度，而且"效用"尺度只有一个维度。

随着更加通晓心理学的行为经济学出现，这种"理性的优化者"观点被彻底修正了。大量文献表明，无论过去我们曾多少次惊讶于此，我们始终低估了把事情做完所要花费的时间。这就是所谓的"规划谬论"（planning fallacy）。当试图掌握更大的格局并预测未来时，我们会过度重视新近发生的事件。总的来说，我们在预估可能性方面表现得一塌糊涂。那些依靠偏见和简陋的试探来做重要决策的生物是理性的优化者，而我们并非如此。

在《助推》（*Nudge*）一书中，卡斯·桑斯坦（Cass Sunstein）和经济学家理查德·塞勒（Richard Thaler）提出了一种社会工程的模式，并将心理因素考虑在内。[5]首先，我们远比理性的优化者懒得多。也就是说，如果每一件事都是经过沉思后的明确判断，那么这违背了人类的正常运作方式。举例来说，若某人想要增加储蓄率，其雇主的默认行为会带来巨大差别。若雇主默认不参加 401（K）计划（美国的养老金保险计划），则员工想参加就必须选择参加；若雇主默认参加，则员工不想参加就必须选择不参加。在第二种情形下，参加的比例会大幅提高。总之，在面对一系列选择时，我们选择什么在很大程度上取决于这些选择是如何呈现在我们面前的。如若呈现的方式反向推动我们到一定程度，我们就会做出与自己最大利益相悖的选择。因此，十分不起眼的社会工程不会强迫任何人做任何事，但会引导我们走向某一个方向。

　　我们可能将这种情况称为"行政夹具"。但要注意，这种对人类的管理虽然在现代国家必然存在，但与技能实践中的夹具相去甚远。差别在于，正如基尔希重点强调的，技能实践者是自己通过"在过程中部分加工或信息化重组周遭环境"来稳步推进各个行为的。夹具本身是不灵活的，是僵硬的，但它可以被掌控自己行为的使用者灵活应用于对环境的智能整理之中。对我而言，与卡斯·桑斯坦的"助推"前景相比，小范围的、以行动者为中心的夹具使用更具吸引力。

　　接下来我们谈谈错误区分夹具和助推的风险。我们不应过分强调夹具是实践者自己的创造，当然要排除按键式的麦当劳厨房这种极端例子。确实，厨师在相应环境中开始一天的工作，这种环境是由他人经长期的实践架构出来的，配备好的工具和设施以某种方式整齐地摆放着。这或许可以被称作"背景夹具"。进一步来说，菜单也是背景夹具的一部分：客人只可以点特定的菜肴。因此，菜单控制着厨师的各项活动。助理厨师的工作，包括切菜、预蒸做煎炸食品用的土豆等，已经在前一天晚班时候完成，现在是他们的休息时间。因此，其他人默默地在厨师背后工作，并且影响着他的工作。

　　所以，我们认识到厨房中正在发生着一些有价值的事情，并且想要通过与助推对比来理解它，而理想状态的自治却并没有捕捉到我们感兴趣的东西。自治的畅想是建立在崇高的自我之上的，其统治权包括将一切放在视线所及之处，都是选择、规划和优化时可用的材料。决定性因素无一不在全权掌控之中。这幅图景不会轻易容许我们依赖他人，不会容许自由受到诸多限制条件的约束，而这种约束是与生俱来的，并非我们自己造成的。

在此我们不是要探讨夹具和助推之间的区别，也不是要概述自治的含义。我们要讨论的是外部权威的来源：行政命令或者来自社会的更加自然的东西。

文化夹具

再想一想储蓄率的那个问题，这是助推派学者最喜欢举的例子。节约的必要性曾是大文化环境，即新教伦理的一部分。马克斯·韦伯（Max Weber）曾对此做出解释，积累财富不是为了放纵，而是代表着生活正在稳步前进。

除了这种超自然的解释之外，早期资本主义也认为挥霍无度会使人蒙羞。本杰明·富兰克林（Benjamin Franklin）也说"节约吧，自由吧"。共和党的名流以自由为傲，担心任何债务都会危及自由。因此，债务人不能直言自己负债在身，他必须找到合理的理由祈祷得到宽容。但是对民主党来说，言语坦率或言论自由是民主社会关系的基础，民主党人的骄傲则在于不对任何人阿谀奉承。

继而，在主流政治心理中，崇尚节约的文化夹具得到了详尽的阐释，一系列不断互相强化的道德规范塑造了早期美国的生活形态。这里提到的生活形态并非指最佳形态。20世纪早期，消费信贷的发明消除了这种文化夹具。历史学家杰克逊·李尔斯（Jackson Lears）解释了，这项革新如何通过分期付款将从前的痴心妄想变为今日的囊中之物；更不可思议的是，负债也由此变成稀松平常之事。

关键就在于此。在储蓄率的例子中，员工只有选择不参加才能退出401（K）计划。通过这一行政助推来鼓励人们储蓄，无法弥补我们不是理性个体的事实，但倡导节俭作为一种尝试，补偿了我们失去的曾经赖以行动、思考和感知的文化夹具。文化夹具所传达并强化的规范被反复提及，像碎片一般散落在社会生活的各个维度，坚不可摧。在不考虑自我控制等性格特征的前提下，要使人看似道德高尚，行政助推的力量微乎其微。

例如，新教徒的美德是环境培养的吗？如果我们将新教徒从18世纪的新英格兰转移到塔希提岛，我们会看到一个截然不同的人吗？如果是这样，按照我们通常对性格的理解，自我控制并不是他本身的深层属性。如果是这样的话，在什么样的前提下，比起卡斯·桑斯坦我们会更喜欢加尔文（Calvin）？一种是从习惯和构词上理解，character（性格）一词来自希腊语，意思是"印记"。从本意上来讲，个性就是经历烙印在你身上的东西，还包括你对各种经历的反应。个性并非与生俱来，它是一种通过习惯建立起来的夹具，并逐渐发展成为应对各种情境的可靠模式。当然也有限制。个性是要经受考验的，也可能会失败。在某些情况下，一个人的行为可能与个性不符。但这其中仍有我们可以称之为"个性"的东西。而习惯是由外向内起作用的，从行为到个性。紧接着，问题就来了，对行为起作用的行政助推，对新教之类的文化夹具也同样有效吗？两者都能帮助管理生活，但管理方式存在巨大差异。如果我没有决定不参加 401（K）计划，我真的采取行动了吗？我做了什么抵制诱惑的事来将习惯融入个性之中了吗？可能并没有。[6]

那么我们就很容易从社群主义角度去批评助推，我是指那种伯克式（Burkean）地试图寻求保护一片沃土，繁衍出富有深厚历史积淀的规范和习俗。我发现这个角度颇有吸引力。这对于决定批评的矛头要指向哪里很有价值。但若借此攻击助推，就误解了助推意图干涉的领域，因此错失了它的关键力量。塞勒和桑斯坦并不是启蒙者，不会想要通过驱除社会权威的固定形式来拓展理性管理的王国。相反，他们在提醒人们注意这样一个事实：我们已经不可避免地被各种方式所管制，却对此一无所知。这就与我们的注意力被他人管理有关。

再想一想超市，货架上的物品并非随意摆放，而是各公司对主要不动产竞争的结果。这里的"主要不动产"是指顾客平视的位置或排队买单的位置。如塞勒和桑斯坦所说，这个例子说明了我们是如何在"具有选择权的建筑师"改造过的环境中做出决定的。这是不可避免的，货架一定会有某种安排。唯一的问题在于这种安排是如何决定的，简单地通过注意力拍卖，价高者得；还是来自公共情绪的微积分计算，并服务于消费者自身利益。就后者来说，我们可能不会将麦片放在孩子的视线内。你想要受到白宫信息和管理事务办公室或者美国西北大学凯洛格商学院（Kellogg School of Management）的助推吗？如果把球芽甘蓝放在伸手可及的位置，桑斯坦可能不会因此获得任何个人财务收入，但是我们不确定他会不会因此获得一些乖戾的官僚主义愉悦感。

假设你在超市购物，一些秩序良好的本地社区中不会出现由当局操控的具有选择权的建筑师所设计的替代选项。因为本地社区是由其他具有选择权的建筑师来操控的，同样以远程的方式，考虑的是股东的利益，而非大众利益。然后，就有了股东的欢呼喝彩，为助推摇旗呐喊。

在一所大学的心理学实验室中，行为经济学调查了处在人工环境中的个体，这个环境是完全独立的，每一个变量都在控制之中。但这也就意味着这个个体被剥夺了所有日常生活中依靠的环境支撑。从延展心灵的文献来看，这些研究表明，我们是可怜的、孤立的说理者，这一点并不令人惊讶。这种人造人几乎不会说理，这就成了助推者监管的权力来源。

因此有了当局和股东以外的第三个受益人。讽刺的是，这次的欢呼喝彩来自承认我们并不是孤独的说理者，但这种说法适用于在特定情境中描述自己。当我们在超市或任何理想化的购物环境中时，只有笔记本电脑和信用卡，难道我们就不像心理学实验中那个孤立的实验对象了吗？与之相似，我们就是大众行为建筑师的理想原材料。我们清楚地认识到了这一事实，所以我们可以选择我们的建筑师。

夹具出租

第二次世界大战后的繁荣使主张变革的"左派"对经济失去了兴趣，将重点从劳工转向更大范围的解放计划，通过揭露和怀疑各种形式的文化权威来实现这一点。回顾过去，这似乎是在为一项新权利扫除障碍，这种权利仍然致力于达成没有自我负担的理想状态，即成为理想化的自由市场行动者。只有在公共空间内扫除不良的扭曲影响，我们的自由才能通过放松管制得以实现。

道德权威机构几乎都没能在"左派"的批判中幸免于难，父母、老师和选举产生的官员，几乎没有什么值得拥护的。人们在缄默中环顾四周，左顾右盼，最终发现共同之处：我们达成了新自由主义共识，同意让市场静静溶解掉自然选择者面对的所有障碍。

另一种解读方式就是，"左派"的解放计划引导我们拆除了一路传承下来的文化夹具，尽管它们曾经为个人生活带来过某种或好或坏的连贯性。但由此造成的文化权威的真空已经被人伺机用注意力设计填满，由"具有选择权的建筑师"费尽心力安装植入。这样做通常是因为有利可图。

在左右双方释放自由、消除管制的共同努力下，自我管理的压力更大了。[7] 人们现在更胖了、债务更多了、离婚率更高了，由此不难看出人们对这种压力的承受能力如何。

这种影响分布不均。若想成为身材苗条纤细、经济上有偿付能力的中产阶级，并且保持这种身份地位，就必须学会自律。这种自律通常来自家庭的谆谆教诲。两个自律的成年人相识于研究生院，然后结婚，再将自律传承给下一代。但有条件的人也会利用他们可以获得的外部支撑，比如租用夹具。

对此，我曾有过亲身体验。我有七八年没填过税务申报表，不是故意避税，只是因为一想到要面对一堆费解的纳税证明，我就觉得自己会崩溃。也是因为自己的粗心，我一直没有做记录。然而我担心自己因此锒铛入狱，所以最终选择直面难题，通过巨大的努力和美国国家税务局一起处理好了这件事。

我现在的经济条件比那时候好，所以我雇了一个会计。我把守法纳税的重任完全托付给了她。这个重任不仅是理解上的重任，还有法律上要赶在截止日期以前缴纳税款的重任。我付她薪水让她来催促我，每个季度都到她办公室一趟，签一些我几乎一眼都不会看的文件。我太喜欢这种安排了。

重点在于花钱雇了会计，我就不会受牢狱之苦了。我们需要遵守的要求异常复杂，注意力分散的机会又如此之多，最终造成在过度刺激之下选择躺在沙发上逃避一切。如果你曾经在市法院等着面对法官，你会听到其他人的哀叹，"未能出庭"是那里最常听到的话。

我们都知道，当设备"设定"了我们的时候，生活很容易脱离正轨，这就是为什么那些有条件的人会尽其所能为孩子设定好一生。我在一家考前辅导机构工作过 6 个月，指导学生准备美国大学入学考试（SAT）和美国研究生入学考试（GRE）。我几乎不提供任何智力知识，只有一些可以写在索引卡上的应试技巧而已。但是课堂和辅导提供了一种制度环境，逼迫学生出勤、做练习。好处可能主要就在于通过租用夹具减轻了学生自我管理的负担，也同时减轻了父母管束孩子的负担。父母权威就是美国 20 世纪 60 年代反主流文化的主要攻击目标。现在父母希望成为孩子的伙伴，因此把管束孩子的责任转嫁给更容易与孩子打成一片的人。管束孩子是婚姻中最吃力不讨好的工作，也是夫妻之间矛盾不断的源头。尤其当离婚的法律或文化阻力特别小时，单亲家庭的父母更要感谢这些专业机构的帮助。

有了类似于我在考前辅导机构提供的帮助，学生最终得以进入研究生院学习、找到另一半、生育后代。其实，真正不断繁殖的是社会资本，即一个人成功所需的所有能力、习惯、人际关系、资格证书。这种社会资本正越来越紧密地与金钱资本联系在一起。一个原因可能是，中产阶级曾经依赖的文化夹具已经在个人自治的名义下变得分崩离析。例如，婚姻夹具的作用就因 20 世纪 70 年代的无过错离婚政策而削弱。这种自治的成本和收益并不总是由相同的社会群体承担，我认为这是因为事实上文化的约束功能并不像私有化那样已经消失。在共享有意义的规则时，它的存在相对比较少，比如新教徒的节俭、父母的权威、暴饮暴食的禁令，以及理财人士、家教和私人教练的专业服务。无论是自由意志主义者还是"左派"支持者，他们都通过某种途径引导舆论，有力地表达对自治的推崇。

让我们回到厨师这个话题。当他欢欣鼓舞地说出"我是一台机器"的时候，他想表达的是他正尽情享受着他的特长和优势。延展心灵的好处在于，它为理解最基础的人类发展模式提供了框架。在这种模式下，我们充分融入使自己与世界和他人建立联系的活动之中。厨师为他烹饪上的神来之笔而感到喜悦；在厨房的架构中，他满足了不可预知的要求。这个例子是否能帮助我们辩证地理解解放论者希望拆除我们共同的文化夹具呢？要想在生活中具备技能，必须先解决一些问题。至少，厨师的例子应该提醒我们，免于外部影响的理想化自由并不涵盖成就了人类卓越行为的全部要素。但是在现阶段我们的论点中，很难由此得出大范围的文化结论。我们需要更加全面地考虑我们获得技能时的认识延展。

02

具身认知

Embodied Perception

　　在与佛罗里达美洲豹队的比赛之后，摄像机捕捉到匹兹堡企鹅队中的泰勒·肯尼迪（Tyler Kennedy）正在舔他的曲棍球球棍。这个视频在YouTube 上被疯狂转发。曲棍球运动员的反应和普通大众的反应有些不同，你肯定不想让公众看见你舔曲棍球球棍的样子，但是曲棍球运动员的这种冲动是完全可以理解的。

　　运动员和运动器械之间的关系是最为密切的，就比如冰上曲棍球运动员和他的球棍。在冰上曲棍球赛季中，运动员每周手握球棍的时间是美国职业棒球大联盟球员手握棒球棒时间的 5 倍，包括击球练习在内。球棍已成了运动员身体的延伸。大卫·弗莱明（David Fleming）曾在《ESPN 杂志》（*ESPN Magazine*）的"各得其所"（To Each His Own）专栏中，精彩地描述了 2007—2008 年度最佳球员亚历克斯·奥维琴科（Alex Oveehkin）的经历。弗莱明指出，除了用球棍来传球和射击，奥维琴科还把球棍当作重大打击后支撑自己的拐杖。他双手握棍高挥，像举着警棍一样，在球网前争球……他用球棍敲击板墙，为努力后的队友喝彩，或在一次精彩的救球之后用它敲打守门员的护腿。他用球棍开启又结束了他的替补队员生涯。为缓解近期比赛的紧张情绪，奥维琴科会坐在练习板上，背靠冰面，把球棍放在膝上，像为婴儿盖毛毯一样充满爱意地一圈一圈缠好棍头。冰上曲棍球运动员在火药味十足、对手都身强力壮的赛场上穿着刀锋锐利的冰鞋高速移动，他必须用长棍的一端控制一个微小的目标，一个容易滑行和滚动的目标。这是一项暴力与灵巧兼具的体育运动。

> 华盛顿首都队的教练布鲁斯·布德罗（Bruce Boudreau）在回忆他的运动生涯时曾说，练习使用球棍就如同截肢者修正、微调自己的义肢一样。他会坐在厨房里，仔细地把武器放在热水壶上熏蒸，为它定制玻璃纤维曲线。然后把它揳在门铰链下面，使它弯曲的弧度刚刚好。再去外面跑一跑，再把它插入雪地里固定棍头。水壶上烧着开水，泡一杯茶，等待雪地将它固定。他会在用来缠绕棍头的胶带上签上自己的名字。一位球迷曾递给布德罗一根旧球棍，他立刻认出这是他35年前使用过的球棍。他说："球棍已经融入了我的血液。"这位球迷表示，如果华盛顿首都队赢得斯坦利杯冠军的话，他将会归还这根球棍。

对于长时间使用器械的人来说，将器械融入身体中是有实际意义的。越来越多的研究支持"感知延伸"的观点，就人脑组织行为和感知的方式来看，器械和修复术带来的新能力无异于自然的人体部分。[1]

成为亚历克斯·奥维琴科会是什么感觉？也许我们可以将他的例子看作比我们试图理解的快餐店厨师的更高阶版。在曲棍球这样的运动中，比赛规则构成了夹具。比赛中要使用符合规定尺寸的球棍，比赛场地要选择符合规定规模的冰球场。但在这样的参数中，个人能发挥无穷无尽的灵活性。我们在一个小小的领域中但凡多精通一点点，都会感到满心欢喜，这是我们的身体借助工具加以练习实现的。要理解这一点，我们要思考在技能实践中我们的注意力是如何架构的，才使工具得以成功融入身体之中。

试想一下，我们使用探针来探索看不见的空间；再想一下，盲人通过手杖敲击地面摸索前进的道路。一开始你感受到探针抵住手掌和手指的压力在变化，你必须解读这种压力的变化，找寻一些还不确定的路线，使你所探索物体的立体空间得以再现。但你在学习使用探针时，你对于探针抵住手掌和手指的压力感知会转变为其他感受。最终你感受到的是探针的尖端直接触及所探索的物体，而你没有关注你手中的感觉。

哲学家迈克尔·波兰尼（Michael Polanyi）分析了我们熟练使用探针的过程，然后发现他必须以新的方式表达"专注"一词：你正在从专注于手上的感觉，变为专注于探针针尖的物体；你只是间接地意识到这些感觉本身而已。就这样，这种解释使无意义的感觉变得有意义，并与原本的感觉保持一定距离，比如探针的长度。因为有意义，我们开始意识到手上的感觉……也就是我们正在关注的感觉。意义存在于探针的尖端，探针本身变得透明，它消失了。你不需要再去解释探针了。实现假体融合的决定性事实在于，在行动和感知之间存在一个闭环：你的感知由你的行动决定，就像我们使用自己的双手一样。让我们进一步深入探讨行为与感知之间的相互联结。

具身认知

试想我在后院看到了一棵繁花盛开的紫薇树，它是怎样呈现自己的呢？事实上我只看到了树的一个侧面，而它是一棵三维的树。虽然我已经看过它很多次了，但每次都只能看到它的一边，无论走到树的哪一侧，我都无法感知树的背面是什么样的。但是我捕捉到了树最直观的特征，把它看作一个三维整体。这不像是回忆，也不像是在思考某种假设是否具有未来可能性。我一眼就"看见"了整棵树。不必担心由于我看不见树的背面所以它不完整。[2]

　　如果我们仅仅把感知当作大脑对刺激的反应，那么这些生活实例会令我们感到困惑。基于这种观点，我们必须设定某种机制，借此大脑把一个个独立的感知侧面组合成一棵完整的树。这一定存在某种"加工"的过程，才形成了树在人脑中的"表征"。[3]形成这个标准视图，基本的假设就是，凭借一张静止的照片，就可以通过类推想象整个场景。就像使用了动画工作室里的软件一样，通过大脑动态三维建模，我们才对世界有了更全面的感知。

　　这种方法的另一种解释源自另一组事实：大脑与眼睛相连，眼睛能在眼眶范围内自由移动，脖子连接着头，而眼睛就在头上，头从属于某个身体，就跟典型的二足动物一样，身体可以借助于双脚在地上行走。根据过去15年来蓬勃发展的一些思想学派，可以确定的是，我们的思想和身体的运动，不仅仅是感知的副产品，还是感知的构成要素。一名研究员曾说，感知是一种行为方式。感知不是发生在身上或我们体内的事，而是我们正在做的事。[4]

　　在詹姆斯·吉布森（James J. Gibson）的职业生涯早期，他曾作为心理学家评估第二次世界大战时期飞行员候选人的天资。经过几十年的视觉感知研究，他开始反击"感觉输入通过大脑运作转化为感知"的基本假定。在 1979 年出版的《生态学的视觉论》（*The Ecological Approach to Visual Perception*）一书中，他提出了一个精准而重要的视觉新定义：视觉不单纯是对感觉输入的脑力加工，而是一种我们利用身体在刺激变换中提取不变量的活动。换言之，人必须从多角度探索某一场景，以感知在视角变换下始终不变的东西，也就是它的本质和结构，而运动是这一过程中必不可少的一部分。[5]

进一步来说，有证据表明，只有自发的运动才能实现这一点。如果人只是被动地传输周边事物，视觉系统是不会发展的。在早期一项后来被称为体验认知的实验中，研究人员选取了 10 对小猫在黑暗中被养育长大。它们每天只有 3 小时的活动时间，让其中一只小猫在传送装置上自由移动，人为使另一只小猫被动跟随第一只的足迹移动。第一只主动移动的小猫可能会上蹿下跳，在传送带上跑来跑去，也可能绕着传送带半径转圈。两只小猫互相并不能看见彼此，周边环境是人为创造的，所以在行走过程中二者接收到的视觉刺激是一样的。唯一的区别就在于一只是主动移动，而另一只是被动移动。主动小猫组正常成长；而被动小猫组则不能通过视觉引导来确定爪子的落点，避免视觉悬崖，敏捷应对快速逼近的物体，或者视觉捕捉运动中的物体。

静止照片的例子并不适合用来解释视觉感知。原因很简单，世界不是静止的，我们与世界的关系也不是静止的。[6]这会产生深远的影响，因为一些认知心理学的基本概念是建立在将眼睛与相机类比的基础上的，认为眼睛是孤立地存在于身体其他部分之外的。这是两个学术阵营之间的对立，我们真正要探讨的争议焦点在于我们究竟是如何与头脑之外的世界相连的。

在视觉感知领域，认知心理学旨在厘清一系列困惑：三维物体种类无穷无尽，却可以通过观察者的视网膜呈现某些相同的二维形状。如果静态的视觉信息都可以获得，由于这些信息不能全面描述物体表面的形状，那么大脑就需要对这些信息进行补充，也就是对于外界结构进行设想。这引发了我们的思考，我们认为感知涉及人脑的推理过程，而这种推理是通过计算进行的。认知运用一定的规则操纵符号象征，得出三维物体呈现在眼前需要的额外信息。这是劳伦斯·夏皮罗（Lawrence Shapiro）在《具身认知》（*Embodied Cognition*）一书中，对具身认知文献资料的精彩综述。[7]

吉布森认为，虽然单一的视网膜成像显然不足以对外界做出具体说明，但是观察者在运动中获得的视觉刺激是足够的。他认为，形成感知的全部动力与推理过程有关，但计算并不起作用。这是革命性的观点。[8]大脑并不一定要建构外界的表征。我们认识世界因为我们居于其中，在此工作和生活，并积累经验。

令人惊讶的是，在机器人学领域出现了一些令人信服的证据，证明以推理、计算和再现的方式应对物理环境是极其低效的。罗德尼·布鲁克斯（Rodney Brooks）于 1991 年在《人工智能》（*Artificial Intelligence*）杂志上发表的经典文章《离开了表征的智能》（*Intelligence Without Representation*）写道，世界是它自己最好的模板。机器人专家现在受到的教训，是进化论早在很久以前就经历过的了。他们应该知道，问题解决并不只依靠大脑来完成，可以分配给大脑、身体和外界。

想想怎样才能抓住一个飞在空中的球。依照标准观点，我们可能会认为视觉系统中输入了目前球所在的位置，一个单独的处理器（大脑）

预测它接下来运行的轨迹。由于我们中的大部分人不会有意识地用纸笔来计算这条轨迹，所以我们怎么做到这一点似乎有些不可思议。根据吉布森的方法，无论是在有意识还是潜意识的情况下，我们都不需要用纸笔计算。事实上，我们所做的是把球的图像看作在视觉背景下做匀速直线运动的，并以此为依据去跑。[9] 如果你跑的方向是正确的，那就可以在视觉流（optic flow）中获得这个不变的方向和速度，利用它们正好会让你处在正确的位置来抓球。狗在接飞盘时采取的也是同样的策略，即便是在有风的情况下。你不一定要遵循伪抛物线轨迹的内在模型，尽管在棒球运动中会采用这种模型，会根据高度等因素的不同对空气阻力进行修正。当然，这也是个不错的选择。

有一派心理学家认为我们通过身体进行思考。这一心理学派研究的根本贡献在于，在经历了几个世纪的头脑封锁以后，人的思考方式终于被放回到它所属的世界中去。我们不能根据头骨的外部表面来清楚地划定认知过程的界限，同样也不能根据我们的身体来划定。从某种意义上说，认知过程分散于我们行动的世界各处。

为了更好地理解这种概念的转换，我们可以将依据老式人工智能原则设计的人型机器人和反映最新生态思维的机器人进行对比。安迪·克拉克在他富有启发性的《思想超大化》（*Supersizing the Mind*）一书中，就做了这种对比。

我们可以通过对比步态来理解这个问题。阿西莫（Asimo）是本田汽车公司研制的二足机器人，依靠发动机、伺服器以及其他机械作动器来精准控制关节角度，使其能够完成上台阶等任务。将同一重量的物体移动同一距离，阿西莫所需要的能量是人体所需的 16 倍。就研制机器人的一般方法，一名机器人专家评论称，研发出的这种样本并不令人满意，它处于一种僵尸状态。

但是通过另一种不同的巧妙设计，机器人就可能超越人体的效率。该设计依赖于自身的被动动力，机器人只以自身重力为动力。2001 年发明了一个配有腿、膝和摆动臂的机器人，只需要带一点角度的斜坡它就能行走，并且行走时步态平稳，与人类惊人相似。它没有控制系统，它的运动不是通过运动设计实现的，而是利用了它自身的形态，即四肢的长度、重量、节点的减震率和弹簧刚度，就像人体连接四肢的肌肉和韧带一样。一个有动力装置的机器人也能利用与之相同的设计原理。

这个例子解释了"生态控制"或"形态计算"的区别。正如克拉克所言，目标的实现不是通过微观管理行为或反应的每一个细节，而是通过充分利用控制者的身体环境或控制者所处的外界环境中的相关秩序，这种秩序不仅强大而且可靠。我们所说的"加工处理"是通过动力来实现的，这种动力是机器人与环境相互作用时所固有的。

儿童开始学步时，会开发自己身体的被动动力。一开始，他的身体感受就像初学者手握曲棍球球棍的感受一样，有点强人所难又令人沮丧。孩子通过探索神经中枢的某种命令会带来某种身体效果进行学习。有了足够练习后，他有足够的能力在无意识的情况下发出命令。[10] 到那时，孩子就可以自如控制他的身体了，就如同盲人探索路况时一样自如。除非发生故障，否则走路不再是注意力的目标。用波兰尼的话说，孩子正在通过自己的身体关注外面的世界，他感到自己学得越来越好。

弗里德里希·尼采（Friedrich Nietzsche）说，人的喜悦就是感受到自己的能力在不断提升。我们不要将这句话解读为一个贪得无厌的暴君的座右铭，它其实道出了技能在美好生活中所起的重要作用。当我们能够胜任某种技能行为时，原本外界中挫败感的源头会成为自我不断拓展的一部分，就像学步的孩子拓展自己的身体并且和自己的身体融为一体。这感觉很棒。

摩托车车手：陀螺进动中的人

我们一生之中始终能够学习新技能。进化赋予我们的并不是一成不变的设计和脚本化的行为，让我们以此适应特定的环境，而是让我们拥有可塑性极高的神经系统资源，以及克拉克所说的不间断的监控和校准机制。[11] 当我开始学习一项新技能、使用一件新设备时，需要经常在身体和外界之间进行调解，通过行为建立的感知循环可以适应那些我们还没有掌握的物理现象。在这种情况下，我们发现自己又回到了学步状态，要不断思考如何通过外界调整自己。

摩托车的驾驶动力既精细微妙又惊心动魄。要想让高速行驶中的摩托车向左转，你要把车把向右转。摩托车车手称之为反向推把，这的确违反人的直觉，但是正是将车把微微右倾的动作实现了向左转弯。

学习驾驶摩托车，要经过一系列肌肉记忆的练习，这些练习需要与相关的视觉线索相结合。一旦确保结合，摩托车车手就会关注视觉线索，而非肌肉运用。速度越快，注意力就要越集中。摩托车公路赛中，车手的注意力集中程度令人惊叹，就像看到弯道处车手几乎完全倾斜的场景一样令人赞叹不已。在弯道处，你会看到赛车手的膝盖、手肘刮擦地面，但是如果能透过头盔护目镜看到他的眼睛，你会看到他的眼睛已经几乎与车前进的方向垂直，车手一路上都是通过眼角进行观察的。

骑摩托车还有一点很特别，就是你的目光聚焦在哪里，车就往哪里开。尤其当你的眼睛只盯着路上的危险看，那你肯定会撞上它。这不是墨菲定律，而是可靠的事实，它揭示了我们在与超前反应的运动感觉进行协商时，具有深层次的"意向性"。处于这样的身体之中，我们的目光和运动连接在一起为我们服务，因此我们无须多加思考。但这种成熟的结合也会成为骑摩托车时的不利因素，必须刻意使其停止工作。你必须尽快转移对危险的关注，转而专注于你要去的方向。

这种视觉要求绝对是违反直觉的，比如走路时，我们看见危险才能规避危险。我们的行动计划、视觉系统和感知直接、本能地对所发生之事的好坏做出判断，它们以适合我们的方式结合在一起，并且已经达到了某种自动性。但如果身体与外界之间的关系是由机器来调解的，并且需要另一组肌肉反应来实现预想的回避，那说明你的适应性不强，必须重新将肌肉反应、视觉系统和感知联系在一起，以形成不同的自动反应集合。摩托车车手练习过程的核心就是一个自然人体完全陌生的现象，即陀螺进动（gyroscopic precession）。

吉布森的研究能帮助我们理解这一点。他认为运用"生态位"（ecological niche）的概念来理解感知是十分必要的。生态位并不完全等同于栖息地。生态位更多用于指向动物如何生活，而非动物生活在何处。[12] 它不是用于指代纯粹的物理环境，而是就动物的生活方式而言对其有意义的环境的方方面面。[13] 如果你依靠两个轮子生活，那么陀螺进动的重要性就相当于重力之于生态位的重要性。

吉布森最有趣也是最具争议的观点是，他认为我们在日常生活中感知到的事物，不等同于无利害关系的观察者所感知到的纯粹事物。更确切地说，我们感知到的是事物的"可供性"（affordance）。环境的可供性是指，它给予动物的东西，无论这些东西的功能好坏。可供性引发并引导行为，吉布森认为，它也建构感知。环境中的事物都具有很多功能，这些功能有好也有坏。比如对于摩托车车手而言，如果中央隔离带的路缘足够低，可以在危急时刻用作脱险通道，这就是好的方面；比如车辆发动机空转时滴下的油渍出现在十字路口的车道中间，这就是坏的方面。如阿尔瓦·诺埃（Alva Noë）所说，我们在感知时，感知到的其实是运动的可能性。[14]

我们对这些可能性的感知不仅取决于环境情况，也取决于个人技能。一个武术高手与人对打时，他会注意对方的站姿和距离，以便在必要的情况下给予重击并阻止对抗还手。[15] 因为经过长期练习，对方的位置就是他所看见的。依据战斗的可供性，他也许会感知到旁边的家具，还有吧台上触手可及的东西。然而他看到的东西你我未必看得到。

可供性存在于行动者与其环境的适应关系中。当这种关系是以摩托车等假体来进行调解时，我们感知的物体和感知的方式都会改变。在调查运动是如何通过环境影响感知时，吉布森只考虑到了自然人体。但他的可供性理念为思考文化与技术提供了有益基础，即为思考人类生态位提供基础。这对于我所提出的"情境中的自我"具有重要意义，我们将在本书"与他人相遇"这一部分中进行深入探讨。现在让我们将注意力放在摩托车的例子上，来详细说明这个专业的人类生态位。

除陀螺进动以外，摩托车中更加"反常"的挑战在于，你视野中物体的运动速度与通常走路时的速度截然不同。因此，保持目光的警觉性就十分有必要。走路时，人有一定的时间对所处的特定环境判断危险，并对此做出反应；船在海上行驶，船长拥有相对较多的时间来避免与另一艘船相撞；但是鳄鱼训练师解读鳄鱼的行为就迫在眉睫。在快速发生的事情中，这些"判断"一定是非常迅速的。这肯定不是有意识的推理下的产物，就如同我们快速奔跑抓住空中的球一样，因为推理是一项缓慢、需要认知成本的活动。骑摩托车全速前进时，需要高度集中注意力，通过潜意识综合运动感知数据，而不是清晰的逻辑思维。

这些数据离不开一系列机械上的应急能力。摩托车车手通过轮胎感受路面情况，他们对轮胎气压、横截面的形状和使用的橡胶材料都很挑剔。轮胎截面越稳定，车手倾斜身体时，行驶方向越容易保持直线。截面或"剖面"越宽，车手直线行驶时会形成越大的抓地面积，比如在直线跑道最后加大制动功率，对车手制动十分重要。车胎截面越窄，车手压弯时的抓地面积就越大。因此选择何种车胎在某种程度上取决于跑道情况和车队的比赛策略。车胎使用不同的橡胶材料或多或少都会因为突然的加减速而变得松垮，影响车手在拐弯处的制动速度。在此种情况下，牵引力变成了限制因素。通常，车手会储存牵引力，然后明智地分配在拐弯、加速和制动阶段。一些轮胎的传递效果优于其他。车手也可以通过避震器感受路面情况，在公路赛用摩托车上避震器的压缩、回弹阻尼和弹簧刚度都可以分开调节。一些车手甚至对转向头轴承很挑剔，坚称他们可以感觉到锥滚子轴承和滚珠轴承之间的区别。毋庸置疑，车手在以 209 公里的时速压弯时，不会关注上述任何一个因素，他膝盖着地，和其他车手相隔仅仅一两米的距离。此时，牵引力的应急能力和陀螺进动成为第二天性，就像冰球运动员手握球棍，盲人手拿盲杖一样，摩托车车手并不需要多加思考。

哲学家阿德里安·屈森斯（Adrian Cussins）写过两种知晓速度的方式。[16]他骑摩托车环行伦敦时，根据不同的天气和路况调整车速，将其与车速表上的速度相对比。在这个例子中，速度以数字方式呈现，要了解这个数字的重要性，必须将其与另一个数字相对比：标示的限速。但是这种"重要性"很低。屈森斯想要说明的是，用第二种方法来知晓速度是将速度作为一个符号。我的时速是 72 公里，这是事实，具有客观真实性，但是脱离了摩托车车手感觉自己所在的特定驾驶情境。时速72 公里不是速度，而是速度的表现方式。它的好处是标准化；它是可以在具体化的、有特定环境的情形之间传递的事实。

屈森斯认为，这两种认识速度的不同方式，对世界的认知取向非常不同，有时甚至是相互竞争的。当速度的客观呈现介入到摩托车车手和他对情境的感知之间时，会干预车手直接所处的世界。屈森斯曾说，感知具体内容的最大好处在于，它与行动直接相连，不需要由耗费时间又不切实际的推理工作来帮助理解。

如果屈森斯的说法是正确的，那么依靠车速表会阻碍我们练就高超的车技，因为客观知识干涉了我们的经验知识。但是屈森斯没有详细说明这种干涉是如何产生的。依据认知科学文献中的一些线索，我认为这种干涉是因为产生了某种替代。速度的符号表征成了关注的对象，多少取代了对速度的生态和运动感知体验。关键在于，与生态体验不同，速度的符号表征是"情感中立"的，因此不会备好行动计划，比如躲避策略。而对老练的车手而言，行动计划已经与他的危险感知融为一体，并且已经达到了某种程度的自动关联。

摩托车车手所看见的消极可供性不仅限于道路上的油渍，毕竟，道路在某种程度上可以被看作一种社交场所。你可能会注意到站在十字路口的人，前车的司机踩了下刹车，从后视镜里发现后车的司机露出极不友善的厌恶感。你也注意到了刚从小巷里窜到你对面的运货卡车，司机似乎在笑，他好像是在跟驾驶室里的另一个人聊天。司机看起来有些马虎，没有确认路况就直接驶进了主路。经历过多次惊吓以后，你终于掌握了在市区骑摩托车时的一些重要信息，这些信息与车速表上读取的速度是完全不同的。

我怀疑过度依赖车速表会弱化行为与感知之间的联系。确实有证据表明，当我们的注意力转移到符号表征上时，它会造成这种弱化效果。下面的例子正是说明了这一点。在一项实验中，实验对象是一只黑猩猩，名叫示巴（Sheba），曾学过数字，安迪·克拉克向我们做了介绍：

> 示巴和另一只黑猩猩莎拉（Sarah）坐在一起，面前放着两盘食物。示巴指向哪一盘，莎拉就将那一盘据为己有。示巴总是指向多的那盘，所以结果总是自己拿到少的。可以看得出示巴对此感到不满，却也无力改变。但是，当食物通过集装箱运来，外面的包装上标有数字的时候，魔咒解除了，示巴指向数字小的那份，因而得到了更多食物。

数字就是表征，因为数字本身看起来并不美味，使得黑猩猩通过生态学上特定、快速的子程序回避了自己的行为。它提供了选择性注意的新目标和行为控制的新支点。[17]

通过将环境中的有形物体抽象化，黑猩猩变得更加擅于实现效用的最大化。他们变得更像新教徒，我们可能会说：要想在将来得到最多的食物，就需要一点暂时的禁欲主义。当你把注意力转向抽象事物时就可能做到这一点，比如对新教徒而言转向金钱，或者对黑猩猩而言转向数字。抽象事物变成克拉克所说的行为控制的新支点，由此文明就诞生了。

但说到摩托车，具体生态上快速节约的副程序多半是好的，因为每一件事情都发生得十分迅速。[18]我们将这些子程序称为感知－行为回路。正如黑猩猩和其他除新教徒以外的人一样，看到食物美味可口才会伸出手去，摩托车环境中的诱惑触发了驾驶行为和其他控制行为的信号输入。上述回路与情感密不可分：看到美味的食物和危险的事物才会做出反应。在技艺精湛的情况下，感知－行为－情感回路意味着融合已经达成，你才会表现流畅，不费力气。

那么明示的思考在这种表现中起作用吗？

在危险情况下，语言在技能习得中有何作用

目前，在哲学家之间就能用语言表达的概念在技能活动中有何作用，存在争议。[19]以休伯特·德莱弗斯（Hubert Dreyfus）为代表的一派，认为我们在参与一项已经胜任的活动时，任何精神上大致可以被视为"概念"的东西通常不起作用，只会阻碍我们，阻碍活动顺利解决。这里所说的"顺利解决"是一种行为方式，是指我们对正在处理的事物的反应是我们根据情境得出的，我们不会明确地说出自己的思考过程。这就像

是早上系鞋带一样，这是你早期学习的技能，并且已经成了无意识的行为。德莱弗斯借此来反驳行为总是由行动前的"脑力"思考引起的这种观点。

另一派是以约翰·麦克道威尔（John McDowell）为代表，我认为他提出的观点很好地反驳了"顺利解决"的概念。他强调在技能活动中，概念起到了重要作用。我们并没有如德莱弗斯所说关闭自己的思考。尽管麦克道威尔没有提到这一点，但当我们所探讨的活动具有危险性时，无论技能如何娴熟，始终存在无法掌控的突发事件，比如骑摩托车。我认为他所强调的概念思维十分必要。就这一点而言，骑摩托车和系鞋带显然不同。我们不必去思考这场学术争论的细枝末节，只需要知道它始终围绕着我们下列所谈论的话题。

伯恩特·史比格（Bernt Spiegel）是德国的汽车心理学家，他职业生涯的大部分时间在保时捷担任顾问，同时也是摩托车公路赛的教练。他的《摩托车的更高级别》（*The Upper Half of the Motorcycle*）一书虽不引人注目，但绝对是一本杰作。这本书没有参考近期关于具身认知和概念精神内容的文献，却有很多观察，都有助于这几条线的研究。他写道，人只需要知道一些情境，使其之后的行为能够在这些知识的基础上适用。[20] 他举了一个例子，你在路上骑着车，正好能在前方看见自己的影子。要想做到这一点，前方能见度必须很高，因此那时你会感到放松。但其实看见自己的影子应该有所警惕：迎面而来的车流和将从你面前穿过的摩托车，可能会看不见你。你不会感觉到危险，但你必须对这种情境形成一种理论。也就是说，为保障安全，你必须积极用语言进行总结，提出建议。一开始，这种知识会显得有些抽象，有些逼迫性，因为它干预了你的前行。但在几次侥幸脱险之后，这种理论知识逐步与你的感知－行为－情感回路相融合。这不是史比格的观点，是我自己总结的。

要是你在路上差点被碾成泥，就会产生一种强烈的生理反应。我曾有过这样的经历，觉得胃朝着胸口猛冲，这种感觉来得很快，甚至就像是和危险同时发生的。紧接着肾上腺素引起身体颤动，刹车的手没有一点力气，感觉虚弱。这种经历的效果很显著：在你刚刚经历的情景中，某些相关特征和危险之间产生了联系，并深深烙印在了骑车所依靠的具身认知回路中。假设这种情境中的某一个特征，是你看到前方自己的影子。经历过一次九死一生，眼睛所见和身体危险之间的联系就不再仅仅是一项建议，而是你真正知道和感受到的，不需要任何论证。

但是我怀疑必须提前就有这样的建议，这种融合才可能发生，所以必须将自己的影子作为"这个情境"的一个要素。然后可以用数额不定的确凿事实来解释造成你险遭意外的各种情况：差点撞上你的车是什么颜色、当时的光线如何，以及无穷无尽的其他因素。在使用某项技能的过程中，注意力的作用是找出场景中具有实用价值的特征，然后将它们结合在一起，定义"该情境"。在刚开始学习技能时，会用语言来表达明确建议的知识，以起到指导作用，这对于将注意力引向合适事物具有关键意义。通过这种方式支配注意力，在你侥幸脱险之后，这些事物就可以通过潜意识将情感和行为惯例结合在一起。

请注意，这里语言的作用意味着习得某种能力，即便是像骑摩托车这样一个人完成的运动，也具有重要的社会维度。你通过阅读、与其他从业者交谈、在 YouTube 上看教程等方式向他人学习。

加里·克莱因（Gary Klein）曾有一项著名的研究，是关于消防员如何做决策的，研究大楼即将倾覆时消防员的判断力，如何使其在最后一刻得以脱险。克莱因将重点放在他们整合细微感觉数据和识别模式的能力上。但就我所知，他没有谈及情感的作用，也没有提及上文我们谈到的语言为促进情感与感知和行为相结合所起的作用。可以推测，经验丰富的消防员试图向新手描述特定的顺序，在建筑物倒塌前的画面、声音、感觉的组合，因此新手得以知道在火灾建筑物内一片混乱之时应该警惕些什么。如果我的假设是正确的，这种明确的指示是建立感知－行为－情感回路的重要准备，这种回路一旦形成，就会带来更高水平的表现。

消防队的凝聚力和持续的合作提供了摩托车车手所没有的优势。他们在互相监督之下，可以互相纠正错误；也能够覆盖他人的盲点，提供第三人视角，比如："你一出房间，身后就有大量余烬扬起。你真幸运。"同事告诉你的这些事实，可以成为一个消防员回过头去理解"该情境"的素材，或者事实上是共同合作重建了"该情境"。在对话中，他的经历被改变了。

感觉数据具有实用性，有助于理解特定情境，并且通过与他人之间的三角关系得以拓展或改变。这些人不仅身处同一情境，并且参与到同一项任务中，面对同样的危险，而且互相沟通情况。对话的成果成为你不断演习的一部分。如果这个演习真的发生了，那新的经历就会逐渐内化，在将来应对类似情境时为潜意识所用。经历要想经过沉淀，确保某一技能万无一失，就必须进行修正。在此之中，其他人和环境资源是必不可少的。如果没有这些，你的经历只是局部的，并且最终使你养成偏执的恶习。

这些对话是否有助于你正确看待自己的经历，是否会带来新的困惑，一部分取决于同事的辩证能力。他们必须能够批判性地看待自己，回忆火灾经历，可能会需要推翻一开始的解释。他们必须可以不加过分修饰地把这段经历贡献出来（这是一种"道德成就"）。我认为任何领域内的有能力之人都在某种程度上拥有这种"艺术"。

正确认识事物需要建构与他人之间的三角关系，因此心理学家最好也思考一下"元认知"在根本上是不是一个社会现象。元认知表示，批判性地认识你的认识。在谈话中就很典型，不是谈天说地地闲聊，而是为了弄清事物的真相。我称之为"艺术"，是因为它同时需要机智和坚持。我称之为"道德成就"，是因为你必须热爱真相胜于热爱自己的一点浅见，这样才能擅于此类对话。这当然是非同寻常的能力，将有助于在任何事情中达到其他人所不能及的超高水平。

在骑摩托车时必须保持自我批判，另一个原因在于有时候一些情境特征是没有任何感觉提示的，比如在你进入视线不良的弯道时，地上有一小块碎石。在处理未被感知到的潜在危险时，你必须主动形成对意外事故的臆测，并将它们投射到外界之中。这样做有助于准备适当的行动计划，并使计划快速可行。想象可能发生的事情是意识心理的重要作用，因此必须一刻不停。如果没有这种担忧，处在"流动"状态，你会觉得自己像超人一样，但前方视线不良弯道处有卡车汇入时，你很容易就"流动"到卡车底下去了。

一般来说，生活充满了意外，为实现目的而进行的任何活动都存在失败的风险。我们与动物不同，动物依据本能行动，只活在当下，而我们要不断监督自己的表现，进行事后批评和调整。

史比格指出,在能见度有限的情况下骑车,我们通常会以"综合风险"为依据。我们模糊地意识到一些严重的意外事故,但我们也知道事实上它们出现的可能性很小。我们这些民间统计学家,反应不会那么快,我们要将意外事故与其不可能性相关联进行衡量,据此决定合适的速度。但其实这是自我欺骗。如果危险就是会发生,那么我们把速度减到再慢也不足以避免。但相反,如果没有自我欺骗,我们或许永远不能尽情享受骑车的乐趣。

就心理练习而言,在赛车场这样的受控环境中骑车,与在街上骑车存在根本差异。我跟过摩托车锦标赛 2013 赛季的前两场比赛,分别在卡塔尔的多哈和美国得克萨斯州的奥斯汀举行,也采访过一些车手。在赛道上,为了求胜,车手必须绝对相信他对于转角的心理意象。如果赛道升高,阻挡了转向的视线,比如美洲环奥斯汀段的第一个弯道,当你沿着某路线开始转弯时,对于转角的心理意象会延伸到感知所得之外。心理意象是建立在重复的基础上的,比如在练习赛时,你曾多次经过同一弯道,并且我们假设它是可靠的。当出现危险扰乱时,赛事工作人员会站在你能预先看到的位置,挥舞黄旗示警。此举减轻了车手主动臆测事故的心理负担。一个车技高超的公路赛车手,因此可以安心将自己的水平发挥得淋漓尽致。所以比赛扣人心弦、赏心悦目,车手在能力所及之事上不断重新校准自己的感觉。

在街上,能像摩托车世锦赛冠军马克·马奎斯 (Marc Márquez) 这样,那就是完美的车手了。意识心理始终保持警惕,这种要求使得紧张感发挥出卓有成效的作用。应对这种紧张感本身就是艺术。如史比格所言,意识心理的作用是保持警觉,不受干预。这是一种不稳定的状态,警惕性很容易丧失或过度。在进行这种心理训练时，作为旁观者而言不是什么好事，摩托车公路赛就是如此。相反，车手只有在其职业生涯中不断累积技艺，最终达到高超水平时才会令人侧目。这种累积通常是以车手的安全驾驶距离为计，但也存在像马奎斯那样短时间内达成的天才。

在街上骑车时，意识心理保持警觉、不受干预通常表现为人的直觉臆测自己可能意识到的但还不足以表达的事件，因为也不需要表达。你发现了一种常见的情形：在大道上，两旁都有商业区，每一侧都有进入主干道的入口。街道号码牌会不规律地出现，偶然会在主干道远处的建筑物上看到。前方车辆一会儿减速，一会儿加速，如此反复。假设前方车主正在寻找某种商业服务，一旦发现就立刻穿过两个车道驶入商业区。你的摩托车发动机的反应像是时刻准备好了这种情况，因为你已经意识到了这种行动模式。

有一个关于囚犯的故事。他们长时间相处，知道彼此社交中所有的笑话，并且给每一个笑话编了号。最后，讲一个笑话只需要大声喊"七"，众人就会立刻捧腹大笑。

同样，一个经验丰富的车手骑车进入商业区，这个描述起来复杂的场景对他而言只会简化为一种类型而已。我记得一开始骑车时，在这种情况下我会十分紧张，周围充满了不确定性，感觉自己被淹没在大量需要监控的数据中。后来从某一时刻起，我开始放松警惕，感觉到有趣，也更有效。我注意到，骑车时，我把左手拇指镇定地放在喇叭按钮上，右手两根手指轻放在前刹握把上。我的上半身很放松，随时准备应对突发的驾驶信号输入。这种姿势是一种假设，是对于即将发生事件的暂时性理解，内置于人体之中，随时准备加以使用。一旦这种假设或者姿势确定下来，似乎我又能够回到放松状态了，无须承担认知上的重负。

我有一些文字公式，在我进入这种驾驶状态时，我会大声说："他们想杀了你。"[21] 戴着头盔，我也能听到自己的声音盖过了路面噪声。同样，公路赛车手有时会把一些带有动词短语的贴纸贴在油箱上，例如"看清转角""别急着骑到最快"等。这些警句是给新手用的，对他们而言就是格言戒律。那么老车手为什么继续保留这些？安迪·克拉克说，即便对老练的车手而言，文字叙述有助于通过控制注意力分配，达成某种感知重建。[22] 这些文字作为一种提示，使我们在挑战中保持稳定的发挥。

有时候，文字表达会用作"标签"，标示车手习惯的某种感觉，他希望达成的某种难以捉摸的状态。在这种情况下，如果将这些文字用作指导工具，那对新手而言会有些难以理解。史比格举例说明了什么是感觉到你的意识"向下流过车胎的接地面"。这可能听起来有些神秘，但它说明了完全沉浸在驾驶中，车延展成为身体的一部分时的感觉。同样，一位钢琴家可能在一开始学琴时，因为老师"注意手指"或"手要灵活"等指令而感到挫败。一开始，这种指导是徒劳无功的，但最终，刚学时看似有些模糊的文字，现在成了详细的实用说明，成了专注练习过程中的速记纲要，用于在日常练习中调整和矫正原有的瑕疵。[23]

如果我们将系鞋带和技能行为归为同一种范式，那就忽略了这种持续起到调整和矫正作用的内驱力。系鞋带时，我们采用的是"合格"标准：鞋带有没有系好？如果系鞋带是我们确保能完成的事，那就陷入一种停滞不前的状态。但是在那些我们重视的活动中，比如音乐、运动和快走，我们力争卓越。我们与动物不同，动物活在当下，仅仅应对自身环境。我们是有欲望的，我们将自己从现在自我中抽离，迈向那个我们想尽力赶上的、技能更高超的未来自我。我们永远"在路上"，或者我们也许可以说这种"在路上"的状态是人类特有的。

我们已经探讨了感知是如何与行为紧密相连的，也分析了如何通过融入意识中的工具来关注外界。"自我"的边界似乎在扩大。随着我们来到这个世界上，从婴儿学步到学会使用工具，我们的感知在变化。我们正以更加确定的方式生活，因此受到各项技能细节和所用工具的制约。通过技能实践，我们将自我带入了与世界的适应关系之中。这一点太有吸引力了。

强调身体决定我们如何生活、如何感知世界的重要作用，并且认识到认知延展的概念，就与西方传统人类学的核心原理产生了冲突与碰撞。正如前文所说，传统上认为表征再现是我们认识世界的基本心理过程，而具身认知就直接推翻了这种说法，这些心理学发展也对现代伦理学提出挑战，而且这并不仅仅是个巧合。在伦理学中，正如认识论一样，表征的理念是启蒙世界观的核心。伊曼努尔·康德（Immanuel Kant）坚称，为了避免提出特殊要求，在道德推理中，我们不应该将自己和他人视为个体，而应视为"理性存在"的代表，并且利用这一抽象概念进行过滤后再靠近彼此。在第二部分"与他人相遇"的内容中，我们会探讨这一抽象概念对我们与他人的交往带来了什么，并且将其与通过"注意力伦理学"实现的交往进行对比，后者认为，我们会在交往中关注他人的具体特殊性。

我们需要做更多的研究来确定与事物相遇对我们而言意味着什么，

接下来的几章会继续关注这一话题。但我希望能够开始建立桥梁连接事物与人，连接认识论与伦理学。当我们注意到虚拟现实的科技概念也表达了道德理想的时候，这座桥梁便在逐渐成形。这座桥梁带着某种理解，是伦理学的支柱；这幅图景，描绘了道德主体以及道德主体在与外界的联系中处在什么位置。从这个意义上来说，虚拟现实提供了一个清晰的观点，与我所提出的情境中的自我这一概念形成对比。

03

虚拟现实作为
道德理想

Virtual Reality as
Moral Ideal

如果你已为人父母，就知道学步的孩子有着纯净的意志：想要就是想要，不想要就是不想要，不会多加考虑任何阻碍实现其意志的事情。比如外面天寒地冻，但他仍不想穿鞋去公园。相反，成年人的意志通过与物质实体的互动塑造而成，意志是由外界塑造的。还以穿鞋为例，成年人已经不再去适应外界，而就是会这样去做，因为只有这样，才有条件做其他可能的事情。

有了这种最低限度的条件后，我们才到达技能领域。在技能实践中，必须深入学习应对很多偶然情况，才能达成目标，例如抓住空中的球、击中冰球、让摩托车转弯。而且，有些目标可能是我们开始学习技能时未曾想过的，而是在技能存在的环境中，我们才感知到了可能性。习得技能，就习得了新动机，也就习得了行动的原因。

成年人的意志并非本身就有，而是存在于人头脑之外的偶然事件中，并借此得以形成。现代自我的自由与尊严，通过一层层的表征将自己与偶然情况完全隔离。

托马斯·德·曾戈提塔（Thomas de Zengotita）在他的《中介化》(*Mediated*) 一书中曾写道，表征在跟我们说话，它们并不是默不作声地坐在那里的。从根本上说，它们是在奉承谄媚，将每一个人放在小小的“自我世界”的中心。[1] 我们遇到的世界若与自我相去甚远，就会极力推动我们成长为成年主体。由此可以认为，当我们与外界打交道，却越来越多地通过表征进行中间调解时，这些表征模糊了我们与外界的界限，影响我们将会成长为怎样的自我。思考一下我们的儿童节目，就不难理解这一点。

"妙妙工具"使用者

自 20 世纪早中期开始，在米老鼠动画片中，最令人捧腹的笑点都来自主人公受挫的画面，更准确地说是来自一种暴力的魅力。折叠床、熨衣板、沙滩上的海浪、拖车，尤其是动画片人物在蜿蜒的山路上开的拖车，以及任何带电的、任何有弹性的、任何可以抛射的装置，任何不会被白蚁啃噬，到关键时刻就会被发现的东西。弹簧的危险系数极高，百叶窗也是。雪球滚来，一路上必定越滚越大。在任何一个特定时刻，落地式大摆钟的发条若上得太紧，困住的机会都不小。任何时候都不要站在冰锥附近。自行车可能会毫无预兆地变成独轮车。橡胶糊很容易和烘焙面粉弄错，它们的标签怎么会这么像？

这些早期的动画片很好地说明了，我们所说的"具象中介"存在于所有的人工产品和冰冷的物理法则中。上段中所提到的事物阻碍了人类意志，但倾向性有所夸大，借此我们可以提出某种真理。正如相声演员所说，真相才最滑稽。我们说着唐老鸭的嬉笑闹剧，感觉到外物加之于我们的限制，这似乎证实了，在各种超脱于环境之外的理想主义下，人类就是这种状态。

迪士尼动画片现在有很多不同的系列。迪士尼幼儿频道的米老鼠俱乐部（Mickey Mouse Clubhouse）就选取了同样的人物角色，但是呈现物质现实的方式存在巨大差异。在这种差异中，自我与外界关系的转变也得以显现。

每一集的开头都是米老鼠看着镜头，用欢快的语气向观众打招呼，手托着耳朵，偶尔停顿。他会说一些咒语"米斯嘎，木斯嘎"，然后妙妙屋就神奇地出现了。人物会在妙妙屋里唱歌表演，一片欢乐。

妙妙屋充满了各种神奇的技术。在"米妮的妙妙日历"（Minnie's Mouseke-Calenlar）这一集中，强风来袭，会让观众以为又是什么有趣的情节。但是就在高飞要被吹走时，一只伪装成一块铺路石的伸缩手突然从地板门中伸出来，轻轻地把高飞拉回地面。

现在的米老鼠系列不再围绕挫折和沮丧，而是以解决问题为主题。只要说"喔，土豆！"，工具箱就会出现。它由云朵压缩而来，像电脑一样，每次屏幕上会出现四种"妙妙工具"以供选择，鼓励观众成为"妙妙工具使用者"。

在"小小仪仗队"（Little Parade）这一集中，有一些玩具扮演乐队的角色，但发条上得太紧了，导致它们散落在四处，必须把它们找回来。其中一个玩具掉在河对岸，就在高飞站的悬崖下面。高飞念了咒语，工具箱就出现了。工具箱中有几种工具可供选择，其中一个是巨型滑梯。太棒了！一念咒语滑梯就出现在空中，轻轻落下，架在悬崖和河岸中间，高飞借着滑梯取回了散落的玩具。

每一集中都会出现四个难题，每个难题都可以用其中的一个工具解决。一开始情节的设置就确保这四种工具可以解决四个问题，故事人物没有一刻是无助的。从未出现过无法解决的难题，也就是说，从未出现过意识与外界的冲突。我想这就是为什么这几集都不好笑，甚至无聊的原因。与现在很多儿童节目一样，《米奇妙妙屋》坚持不需要积累经验，即脱离心理真实，反而坚持心理调适。与其说《米奇妙妙屋》描述了如何应对困难，不如说它以父母、老师和其他儿童管理者的身份干预了孩子的成长。[2] 那些调适良好的孩子不会向挫折投降，他会请求帮助，比如说一句"喔，土豆！"，让自己获得现成的解决方案。

成为一个"妙妙工具使用者"即离开物质现实，就像这些迪士尼动画片一样，我们在其中看到可供性的另一面。或许我们应该把讨厌的投射装置、可恶的弹簧，以及所有类似的危险称作"负面可供性"。可问题在于，不能只要正面而拒绝负面，这是硬币的两面。你作为"具象中介"去获取技能的世界，就是你受限于他治的世界，存在物质现实的危险。追求抽离自己、逃避他治的幻觉意味着放弃学习技能，转而选择用"技术即魔法"来替代现实中介的可能性。

动画片中的魔法可能很花哨，但是人会难以将乌托邦式的幻想与之区分开来，硅谷正是在依靠这种幻想改变我们的世界。我们希望建立一个更智能的星球，世界将变得和思想本身一样，没有摩擦和冲突，无知的本性将被"智能"征服。甚至可能连思考都变得没有必要，智能的技术完全能够进入并占据我们的意志，用算法就可以分析出我们行为背后的含义。我们似乎希望通过某种可穿戴或可移植设备，把妙妙工具箱融入我们的精神中，此后世界将会根据我们的需求自行调节，从一开始就根本不可能出现自我意志之外可能带来沮丧感的事物。

　　魔法的吸引力在于它确保了人能依据自己的意志对物质进行弹性调节，而不需要过多地与其纠缠在一起。在可达范围内，物质不能对自我构成任何威胁。弗洛伊德认为，这就是自恋狂的状态，认为物质能够支撑脆弱的自我，对物质的理解并没有把握，却也以为了解了现实。我能想到的与自恋狂形成最鲜明对比的就是修理工，他必须屈服于有故障的洗衣机，耐心地听故障的声音，注意它的反应，据此决定如何维修。修理工不能把洗衣机当作抽象物体，因为他一点魔力也没有。

　　现代生活的一个显著特征就是逐渐用虚拟现实来替代现实，但其实在西方思想中早有前因。这就是伊曼努尔·康德曾描绘的文化图景，而现在正在慢慢展开，试图通过抽象化滤除物质现实，建立意志自治。

康德的自由形而上学

　　康德说过，意志自治是意志的属性，这是它运行的法则，独立于任何物质的属性之外。如果在任何物质的法则中寻找是什么决定了意志，那么，他治就已经产生了。在这种情况下，意志不为自己建立法则，而是物质通过与意志之间的关系为意志提供法则。自治要求我们将所有物体抽象化，使它们不对意志产生任何影响，因此意志可能不只是管理其他事物，还可以展现自己作为法则制定者所拥有的主权。[3]

　　只有追溯特定的历史背景，将其理解为对问题的一种回应时，这些宣告才有意义。试想 17 世纪的早期，稍有些深刻的思考就会招致警告。自然科学的萌发使我们开始机械化地描述自然，人类也难以幸免。[4]托马斯·霍布斯（Thomas Hobbes）的自然心理学以及其他学科，威胁要把人类自由归入物质决定的范畴。因此，"自由意志"成了一个必须探讨的问题，道德基础似乎岌岌可危。在《道德形而上学原理》（*Groundwork of the Metaphysic of Morals*）一书中，康德将自由意志建立在新的基础上，认为自由不受任何自然必需品的限制。

该书书名中的"原理"一词说明，康德无意展示道德原则的实际内容，也没有详述的义务，他只为说明道德为何物。他坚称道德存在于观念领域，而非经验领域。这与自然决定论的观点截然相反，对于道德自由是否可能至关重要。与现实经验中律师的辩论不同，康德试图为自由建构堡垒，避免受到牛顿学说中自然界的威胁。然而这使康德产生了某些奇怪的论断。

为了自由，不能由"物质与意识相关联"来决定意志。我认为康德是在讨论人与其环境中所应对物质之间的适应关系，即在可供性和生态位中我们所提到的关系。康德在经验世界和纯智力世界之间竖起高墙，我们在后者中发现了先验的道德法则。若希望自由，同时保持意志纯粹，行动的理由就必须来自后者，不受任何外界事物的限制。

但在可供性和认知延展的讨论中，我们了解到，也许在开始学习一项技能后，我们才会找到目的，这样，在环境中感知到的可供性不仅仅会控制纯粹由事前理由决定的行为，也提供新的动力，即发现新的行动理由。若理解无误，这就是康德所说的他治，我认为人类动力的基础在于我们有过实际经验。

认知延展对现代文化造成的挑战十分严峻，现代人以康德的自由形而上学作为核心，理解我们如何与头脑之外的世界相连。《米奇妙妙屋》只是夸张地将其呈现出来，突出显示它所描绘的定义性特征，这一点与大部分动画片无异。

　　妙妙工具箱告诉我们，理解如何将选择变为现实或者实际上努力去实现它，并非人类能动性的本质。魔法的介入使选择的瞬间孤立于让选择行之有效的神秘过程之外，也孤立于做出选择之前的一切。行为选项现成地摆在面前，与你参与与否没有丝毫关联。前一章中，通过武术高手的例子，我们知道，正是技能组合决定了在环境中会感知哪些可能的行为。如何行动并非孤立的选择瞬间，而是受到强烈引导，由如何感知环境、调和环境所决定。还有一点起到了重要作用，那就是在过去的经历中我们是如何根据外界塑造自己的。

　　我们讨论过武术高手的例子，他遇到对手时就会感知到战斗的可供性。康德下面所说的话，似乎就表达了他的观点："意志不为自己建立法则，某种异质冲动（alien impulsion）通过物质经调整后能被接受的本质，为意志建立了法则。"这里的异质冲动是指某些具体情况下的驱动力，服务于"物质经调整后能满足"的对象。对康德而言，这种调整就是他治。

　　在武术高手的例子中，他快速应对环境中的每一种战斗诱惑和可供性，准备用空手道攻击视线中的每一件物品和每一个人。就这个例子而言，上述理解方式似乎恰当合理。根据康德的他治理论，这样的人就该受到谴责，他会成为一种机器人。但是如果这种情况的可能性迫使我们忽略意志与外界之间错综复杂的关系，或者迫使我们认定二者分离才是理想状态，似乎就过于极端了。

　　康德的确也关注凭借经验建立对外界的敏感度，但是他在另一本书《判断力批判》（*Critique of Judgment*）中才谈到这一点，他把这个话题从意志自由的形而上学中分离出来，这一点十分重要。关注外界的时刻和道德选择的时刻彼此独立，这就决定了意志自由。经验总是偶然的、特定的，因此不宜作为道德法则的基础。这些法则应具有普遍性，能够适用于所有理性存在。如果以人类本性的特殊性，或者法则之下的偶然情况为基础，那么普遍性就会消失。于康德而言，理性就是处在世界之外。[5]

易被左右的选择者

无论将康德视为欧洲思想研究的初期萌芽还是最高成就，我们都在康德的观点中找到了现代人认识自由选择的哲学根源，我们将选择理解为从绝对意志中产生的纯粹的灵光乍现。这对于理解我们的文化具有重要意义，因为在上述解读之下，消费者资本主义就会将选择作为核心崇拜，我们也会将提供选择之人视为自由的服务者。

将选择意志封闭，使其与经验世界中模糊不可控的偶然事件分离开来，从某种意义上来说选择更加"自由"了：自由地与现实分离，若二者之间的大门打开，会有他者借我们的名义偷溜进来，向我们提供无须展示技能就能得到的选择。对妙妙工具使用者而言，从现成的解决方案中选择代替真正去做，结果就是，这类人会更易受到大众文化中选择架构的影响。

《米奇妙妙屋》里的现实都是虚拟的。目前，儿童电视节目的确普遍游离于现实之外或者十分抽象。它成为心理调适的理想工具，用于建构并管理社会所需要的自我，不受任何事物本质的干预。这种特定调整的决定权属于迪士尼剧本指导或者其他官员。

这种干预的基本动力并非源自康德，而是我们认为无知的本性会威胁我们作为理性存在而享有的自由。建构一个与之不同的虚拟现实，如同亲切美好的米奇妙妙屋一样，自我和世界的冲突不复存在。这非常吸引人，不存在妙妙工具箱预测不到的突发情况。康德试图将意志自由建立在某种基础上，保证其免受外界影响，那就是不受限制，这是一条适用于意志本身的法则。但只有将意志转移到另一独立领域才能做到这一点。在此之中，牛顿学说再难起主导作用，因果关系不复存在。幻想自治，代价是一切都将失效。[6]

脆弱性会随之而来，脆弱的自我难以承受冲突和挫败。因此，我们会更加容易屈服于任何可以提供迷人表征的人，以避免与世界的正面对抗。这些为我们定制的表征，使我们能够一直舒服地处在人造体验构成的自我世界中。如果这些表征带着超级满足需求的精神刺激，那么普通过往经历所构成的世界不仅会变得令人沮丧，而且会在对比之下显得单调至极。

但注意在我们探索的认知延展和具象中介附近，可能有一种路线引导我们走出对人造经验的依赖。在快餐店厨师、冰球运动员和摩托车车手的例子中，人通过一系列外物定位自己，使行动与外物保持一致，能够应对偶然情况。受个人技能水平和一些不受控事物的影响，偶然事件的发生会带来快乐或者沮丧。

这些体验暗示了制造设计的文化可能性。事物的设计可以促进或削弱具象中介，使我们更具被动性和依赖性。

04

注意力和设计

Attention and Design

约翰·缪尔（John Muir）于 1969 年出版了《如何使你的大众汽车充满活力》（*How to Keep Your Volkswagen Alive*）一书。书中包含很多话题，整本书活泼有趣，甚至有一种反传统文化之感。其中有一处，他写道，自己很好奇一些新奇的安全设备是否有效。他说，如果我们驾驶时如同阿兹特克人的祭品一样，始终与前车拴在一起，那事故就会少得多了。

梅赛德斯 - 奔驰公司提供了最新的注意力协助设计，展现了自 1969 年以来我们的驾驶文化发展到了什么阶段。这是一个选择套餐，包括刹车协助等。如果前车突然减速，奔驰车会替你制动。这使你得到解放，精神可以任意游走，比如可以看看导航仪，或者和你的对冲基金经理聊一聊。在为注意力协助设计而拍摄的电视广告中，一个胆小的男人，面容稚嫩，眼神迷茫。"我从来没见过卡车。"他说。选择套餐中也包括盲点协助，有了它，在汇入旁边车道时就无须再扭头查看。过去 10 年奔驰的基本设计指导理念似乎是在取悦富人：别管这些，放松冷静，想想愉快的事情，眼睛凝视远方。而奔驰与其他普通驾驶员之间，肯定没有什么互惠关系。

从更广义上来说，汽车设计倾向于建立隔离，驾驶体验之少是前所未有的。通过设计期望达成的理想状态似乎是驾驶员成为一个脱离实体的观察者，进入另一个世界，在这个世界里，物体通过屏幕展现自己。我们通过接线减速、刹车，依靠的是电力协助，还有牵引力控制和防震刹车来调节驾驶信息输入。这种简易而抽象的设计使得驾驶员接收到的真实信息少之又少。更糟糕的是，最终获取的信息也是经过高度调解的、经由电位器和顺畅的伺服系统，而非驾驶座椅传递过来。因此带有离散性，无法反映模糊细微的变化，也无法敏锐地捕捉到预料之外的和未提前编码的变化，比如制动钳支架可能变松或破裂。最令人不安的是，电子化的呈现方式意味着汽车状态和路况信息正与来自电子设备的信息互相竞争，而后者的信息可能有趣得多。

如果我们坚持认为只要具备某些功能就符合技术发展的合理标准，那么这种对自动化和隔离性的迷恋就不能被称为"技术"发展的趋势。倒不如说这是一种奇怪的消费者伦理的发展趋势，立足于康德的形而上学自由。按一下键就能使事情发生，这种隔离促进了个人意志的体验，不加束缚，排除了偶然事件的干预。

一辆老式、操作简单的轻型汽车所提供的信息需要驾驶员参与其中，驾驶员能明显地通过臀部感觉到车正以 97 公里的时速行驶。这种实际存在的参与需要并且能够激发注意力。套用以前放克音乐那句名句，"用用你的屁股，脑袋就会跟上"。反之，"解放你的屁股，脑袋就会迷路"。我猜测约翰·缪尔是正确的，他将引擎盖标志图像与阿兹特克人相类比：有个有血有肉的人在那儿就是一个重要的安全变量。

交通工程师发现，我们的驾驶模式在很大程度上受到路况的影响。

埃里克·邓博（Eric Dumbaugh）是得克萨斯 A&M 大学的土木和环境工程师，他曾说，我们假定安全是"原谅"道路的结果。我们通过平直街道，拓宽路面，以确保安全。[1]结果证明这是错误的，如果道路看似危险，那么人们会减速慢行，更加留心注意。与上述结论一致，对新手驾驶员来说，相比于注意力分散，未能意识到风险并重视风险，更容易造成车祸。[2]但这两者之间存在关联：感知到风险有助于增强有意识的努力，提高专注度。[3]就如同汽车和道路一样，不应通过人为干预，使人意识不到钝性挫伤致死的可能性。

埃米莉·安西斯（Emily Anthes）写道，交通工程师在大约 10 年以前，倡导打破旧习，将道路变得更加危险，如道路变窄，能见距离变短，移除路缘、车道中心线、护栏甚至交通标志和信号。调查显示，这些路段的交通事故率和死亡率明显更低。[4]安西斯引用了邓博和另一位名叫伊恩·洛克伍德（Ian Lockwood）的交通工程师的发现，在设有沿街停车区或者自行车车道的道路上，驾驶员会更加小心谨慎；街道前方有建筑物也会产生此种效果，让驾驶员觉得他人正在监督自己。希望这种面对面的环境也足以使奔驰车的驾驶员不再依靠电子驾驶座来进行操作。

共享空间的设计不仅仅影响公共安全，也可能通过它所倡导的道德心理学对社会产生深远影响。道路默默地规范着人们，汽车也是。它们既能使人更加审慎细心，关注周遭环境，关注他人；也能将自己视作他人的目标，使人沉醉于各自的自我世界。在后者中，我们倾向于只有真的撞到他人时，才和他人打交道。

世界最好的模式是它本身

第 2 章开始提到的大卫·弗莱明的文章中引述了一位冰球运动员的话："球就在棍边时，我停下来思考我感受到了什么，这额外的一刹那可能就决定了是射门还是守门，是赢还是输，甚至我的头会不会被打爆。所以你必须感觉球棍是你的一部分。"

一辆汽车，如果在驾驶员和道路之间进行多层电子调解，就需要驾驶员逐层解读，因为每一层都建立在再现的基础上，这种再现与其呈现的状态没有任何必要的内在联系。工程师委员会必须做出一整套决定，决定在一辆线控制动汽车内，驾驶员感受到的刹车踏板压力应该是多大。例如，应监控刹车时施加的压力，最重要的是监控线控制动系统的敏捷度，这关系到它能否快速传递压力。踏板压力应该根据制动的持续时间、力量大小来变化吗？借以表明工作中的直流电机正在升温。过度使用刹车片会使其变热，然后效用减弱。使用传统液压制动器时，出现常见的"制动失效"就是传递这条信息的必备法则。在日本丰田汽车 2008 年召回事件中，我认为真正令人不安的是揭露出刹车依赖于软件：建立法则、通过语言、实现再现。分离性和任意性的设计问题反映出认知科学中的一个根本问题：符号根基问题。

传统认知科学中盛行的心灵计算理论认为，我们会对世界进行内部再现，这些再现是建立在本身毫无意义的符号之上的。就像计算机用 0 和 1 来描述不同事态那样，它们将世界的特征进行"编码"。符号根基问题在于：任意的符号怎样才能具有意义？怎样获得命题内容和指涉含义，以实现某些信息的传递？语言哲学中也存在同样的问题，毕竟发出的声音和声音的含义之间没有必然联系。我们通过查字典知道某个单词的意义，但是字典中使用的单词也面临着同样的问题；根基问题似乎会无限向前回溯。

与符号表征不同，具身表征不会存在上述问题。这对于汽车设计，以及其他任何一种感知世界或对世界起作用的工具设计，都有启发作用。亚瑟·格兰伯格曾说，具身表征不需要投射到世界中并且变得有意义，因为它就是由世界产生的。这是有直接根据的，在合乎世界法则的前提下类推世界的属性以及这些属性是如何通过感知行为系统进行转换的。[5] 这再一次引出了机器人学新浪潮的箴言：世界最好的模式就是它本身。

一辆老爷车，不存在电子设备在行为和感知之间进行调解，还时常能听到机械噪声，保持了"跨模式捆绑"，这被视为理解现实的关键所在。我们通过把不同感官得到的信息联系在一起，在对某些事态的理解中达成连贯一致，因为各种各样的信息流被锁定在共同的实践体验中。也就是说，他们共同发生。[6] 刹车片由于过热无法保持原本有节奏的信号，人随之感受到了踏板压力发生波动，频率随速度而发生改变。同样的振动表现出的声音更为微弱：这时刹车片来回移动，偏离了既定的旋转水平面。运行不良时，其中一片受到力量的冲击后，另一片也就随之受到冲击。例如带着拖车下山路时，用力刹车你会闻到一点点明显的刹车片内层燃烧的味道。这种味道与踏板跳动和声音不同：它慢慢变强，会让你觉得状态好极了。这也是一部分时间锁定的信息流，有着不同的时间信号，将我们的大脑与不同的感官"捆绑"在一起，判断这不是梦境或幻觉。连贯的感觉模式揭示了，在我们的头脑之外确实存在"自在之物"，但只存在于那些模式得以保存并且向我们传递的时候。

婴儿，或者是灵感来自婴儿学习过程的机器人，通过翻找物品、操纵物品，产生自己的感觉运动时间锁定模式。看到自己的手在移动的画面和这个动作的感觉绑定在一起。婴儿通过学习物体属性，发展具身自我意识。不同的物品以不同的方式抵抗他的身体，或轻或重、或软或硬、或滑或黏等，由此产生不同感觉运动体验的时间锁定捆绑。这在婴儿学习分类和概念形成过程中起重要作用。就这部分研究，安迪·克拉克写过，发展这种能力的关键在于机器人或婴儿保持感觉运动协调，参与到环境之中的能力。[7]如果驾驶经验提供的反馈有限，就会降低这种参与度，而且会促进退化，退回母体中。当然，退一步说，这也不算坏事，尤其是在洲际公路的漫漫旅途上。最理想化的状态就是昏迷过去，或者成为传送带上那只被动的小猫。

我曾经有过非常可怕的驾驶经历，我开着一辆借来的丰田亚洲龙汽车在蜿蜒的 70 号公路上穿过科罗拉多的落基山脉。亚洲龙是丰田的一款豪华车型。我感到我和路，以及车一点关系也没有，我必须开始一些陌生的认知工作，来确保每一个地方都正确无误。交通拥挤，但车速很快，时速在 113～120 公里之间，跟上车流使人筋疲力尽，神经紧张。我感到自己自始至终都在猜测和推敲，开了 48 公里之后，我仍然处在不断的惊讶之中，原来我输入的驾驶信号会产生这样的效果。我开始有些同情那些开着这种车型却习惯于慢速行驶的"老年人"。我的经历与大约 2001 年时使用虚拟现实系统的体验高度符合：使用者在所呈现的世界中逐渐消失，然后将情况整理明白，确定行动步骤，通过键盘截面或数据手套予以执行，仔细监控结果是否如预期所想。这不是我们在日常生活中体验世界的方式。你的头脑里没有人造人，借着我们的双眼观察世界，操纵我们的双手来执行行动计划，仔细核验确保我们拿咖啡杯的时候手不会伸得过远。[8]

具身存在模式使我们能够敏锐地探测并应对世界，一条好的设计原理就是要开发上述能力，而非如这一代汽车工程师那般意在切断感知与行为之间的联系。[9]

梅赛德斯最近推出了一款更具实感的挡风玻璃，它可以将面前的环境以电子方式呈现出来。宝马汽车一直致力于维持汽车与驾驶员之间的纽带，并且树立了良好的典范，但现在也在汽车声音系统中输入假发动机声，以增强驾驶体验。这种假发动机声可以被称为听觉"信息"，但实际上并未传递任何信息。[10] 我们用伪造来弥补抽象化的不足，这就是工程设计的末日。

可达区域与表征

看着二维表征，无论是照片、绘画还是屏幕，我们都不能通过四处走动，获取屏幕场景的不同角度。回想吉布森说的，我们就是通过四处走动，从刺激流中提取不变量。如果做不到，我们检验真实性的基本功能就不起作用了。

进一步说，在物理环境中，我们通常以邻近程度和距离为轴线确定自己的位置，世界经过表征调解后再呈现时，我们就无法再借此定位。

阿尔弗雷德·舒茨（Alfred Schutz）认为，我们在日常生活中运用的空间划分来自具身化。一个人首先对他日常生活中行动范围内以他为中心的空间和时间感兴趣。然后以自我为中心划分周边环境：上、下、左、右、前、后、远、近。"实际可达"的世界基本上是根据邻近程度和距离来确定的。这个可达的世界不仅包括实际感知到的物体，也包括有机会通过注意力感知到的物体。[11] 因此包括此刻不可见的位于身后近处的物体，这部分内容会因我们四处走动而不断变化。

以身体为中心的定位理念，有助于理解现代文化中全新的注意力环境，所以中心尚未建立。实质上，注意力的基本概念是选择，在可获得的变化中选择某物。但由于体验越来越多地来自表征的调解，我们脱离了自己的直接处境，具身存在替我们做出了选择，所以很难说明选择的原则是什么。我可以虚拟游览北京的故宫，或者看到最深处的水下洞穴，就像扫一眼房间一样简单。任何一个国外的世界奇观、世外桃源或者隐蔽的亚文化群体，只要想看就能立刻看到。它们近距离地在周围环绕。

但我在哪里？似乎难以借助任何非任意的视野让我看一眼自己身处何地，缺少一个我能够观测并判断方位的关联地带。当判断"离我近"还是"离我远"的轴线不复存在时，我可以在任何一个地方，也可以不在任何一个特定的地方。我想与人分享生活，要跟他们在一起，这成了众多选择之一，而且极有可能在任何时候都不是最有意思的选择。更广义来说，在空洞虚无的基础上实现连贯的生活似乎是我们力所不及之事。

"点击鼠标"是不是中介行为？这个动作是现代生活的象征，或许可以将其视为人类中介的认知逐渐消失，当我们将行为设想成是由本质上脱离世界的孤立个体在进行自主运动，那我们就是这样认为的。虽然当前的注意力环境是全新的，但是当我们开始探讨康德，就说明在思想文化史上已经有了长期的历史铺垫。

再重述一下前一章中所提到的内容，如果妙妙工具使用者点击鼠标，用选择代替了实践，可以想象，这种自由的自我十分容易受到公共空间"选择架构"的影响。正如我们所看到的，在资本主义的黑暗面，事物的设计都以区隔人和环境为目的，孤独症由此产生。

05
孤独症作为设计原理

Autism as a Design Principle

　　我大女儿学步时，家里有一张跳跳蛙学习桌。桌子的四个边都有电动小玩具。这些玩具靠一块小的内嵌板操控，这块板可以在两个位置之间移动。移动这块板，玩具会一个接着一个做出反应。

　　关掉跳跳蛙学习桌，我的女儿就会歇斯底里地发脾气。我一开始觉得这就如同可卡因一样让孩子上瘾。但这种类比并不准确，这个装置不仅仅提供刺激，还有同类的中介体验。通过按钮，孩子一定可以让某事发生。想想通过笨拙的身体应对世界是多么令人沮丧，一个还不会走路的孩子，不会用笔，也不会用剪刀。想要在地上把球滚到爸爸那儿去，结果却无意砸到了自己的鼻子。

　　孩子对跳跳蛙学习桌充满兴趣，却会对自己的身体感到挫败。同样地，成年人对老虎机感兴趣，却对生活感到挫败。娜塔莎·道·舒尔（Natasha Dow Schüll）在她发人深省的《设计致瘾：拉斯维加斯的赌博机》（*Addiction by Design: Machine Gambling in Las Vegas*）一书中解释了后者。成瘾的老虎机赌徒，目的不是如大家所想为了赢钱。如果是为了赢钱，就无法理解成瘾的原因。把自己融入老虎机中，这样就不用区分自己的行为和机器运作之间的差别。他们认为这是自身目的和机器反应之间的巧合。[1] 每按一次按钮，机器都会回应。

　　事实上，舒尔所说的和儿童电子游戏如出一辙，利用这些研究我们

能发现某种悖论。游戏的吸引力在于赋予玩家控制感，但恰恰是因为它
必定可以产生某种效果，比如听到嘟嘟声，玩家会沉浸在机器中，进
入一种全神贯注的自动状态，与控制完全相反。事实上，这种状态与
其说是主动，倒不如说是被动。舒尔引述了一位作家的话，认为孩子
的游戏通过"独特回应"实现了这一点，放大并修饰了用户的行为，
使其如此引人注目，以使用户和他人分离，消除了人与机器之间的
差异。[2]

　　这种人机融合像什么？与我们在摩托车运动中机器和骑手的联系有
何不同？二者都是认知延展的例子。舒尔引述了一个赌徒的话："我现
在的状态已经感觉不到手触碰机器了。我感到我与机器联系在一起了，
好像它是我的延伸。我在身体上无法与机器分离了。"[3]这听起来像是
冰球运动员在谈论他的球棍，或者摩托车车手感觉到自己的意识通过轮
胎接触地面。

　　稍后我们会探讨上瘾的赌徒为什么不在乎输赢。对于这种冷漠，老
虎机的反应就像电子玩具一样：准确、连贯。按钮动作产生的效果与意
志完美相符，因为意志进入了按钮提供的二进制可供性当中：按或者不
按。你沉迷于机器的逻辑，获取了效能感作为回报。也就是说，你失去
了自己，然后获得了掌控权。

　　这与曲棍球杆或摩托车等借助机械假体行动的一个区别在于，后者
仍保有可变性。行动上小小的变化会产生结果的偏差，假体若是为了增
强行动，那么差异会被放大。比如时速 161 公里的射击，或者细微的驾
驶信号输入使你在高速行驶时快速变换车道，无论怎样按跳跳蛙或者老
虎机的按钮都不会产生上述差异化的效果。在行为和感知到的效果之间

存在一个闭合回路，但是借用吉布森的话，可变性的带宽已经缩小到不能认为你正在通过你的行为从刺激流中提取不变量。与此同时，你也没有学习任何可以被称为技能的东西。相反，你在感知－行为的回路中行动，这一回路被编入了可供性极小的游戏之中，通过几次尝试，你就学会了。这是一种伪行为，像孤独症一般，建立在一成不变的重复之中，它提供的效能感显然引人入胜。

　　舒尔提到了儿童发展研究中的一个概念，叫作完美偶然性，以此命名特定行为和外界回应完全对应，两者之间毫无差别的情况。我认为"完美偶然性"的说法有些混淆，因为这更像是完全没有偶然性。早期儿童就近乎如此：一种似乎与母体合并的状态。引申开来，与更广阔的外界环境合并的状态，源自母亲可以及时回应孩子的需要和手势所表达的含义。

　　孩子逐渐长大，母亲的回应就会渐渐不及时，孩子逐渐接受自己无法用魔法掌控世界，从而学会容忍未知悬念、不可预见和失落沮丧，这是实现与他人有效相连的重要一步。[4]

　　我们需要注意到，收看《米奇妙妙屋》是不会对上述发展过程有任何帮助的，只会为孩子塑造用魔法掌控世界的幻觉。鼓励孩子将技术视为所谓的好妈妈，会对他的意愿做出即刻应答，保护他远离多变世界中的挫折。

　　婴儿3个月大时，会更喜欢"不完美偶然性"。在此之中，环境应答会在强度、情感和速度上更加紧密地与他们的声音或手势相匹配，虽然不一定完美契合。

但请注意：

　　自闭症儿童是例外。外生实体做出行为展现活力时，他们始终会表现出痛苦，尤其不能忍受社交偶然性，以及他人观点或意图的不确定性。他们偏好同一性、重复性、节奏感和程序化，退居自生的完美偶然状况，比如摇晃或摆动，或与某些物体互动，前提是能近乎完美地完成刺激响应，比如玩弹球或者按按钮。[5]

　　老虎机和电动扑克的游戏结果非输即赢。一位受访者告诉舒尔："我不在乎是赢还是输。这里的约定是，我丢进一枚硬币，得到五张卡，然后点击那些按钮，我就可以继续游戏。所以这其实不是赌博，而是因为在这里我感到一切都确定无疑……如果游戏机不能带给你这种感受，那不妨还是待在人类世界，反正也同样充满了不可预见性。"[6] 赌博机之所以会让人成瘾，显然与人类世界不可理解的体验有关。

　　也许从广义上来讲，我们都在变得孤僻。若是如此，必然事出有因。世界越来越令人不解，像是被巨大的非人力量所掌控，如"全球化"或"债务抵押"，然而全局非个人所能见。随着人们的期待变成可以在格子间操控的工作时，因果关系链变得模糊与分散：家庭生活越来越去技能化，我们将烹饪外包给公司，将维修外包给外来务工人员；现代生活的物质基础越来越模糊，产品制造的技能工作场所转移到了海外；产品管理和维修的场所转移到了近在眼前却看不见的社交场所；社会精英融合商业和政治力量的场所转移到了未知的地方。情况若变成这样，个人能动性变得有些难以捉摸。看到你的行为产生了什么直接影响，就知道你做了什么，这种可能性变得虚无缥缈。

可以理解，逃避到孤独症的伪行为区域有着强大的吸引力。因为这个区域与外界隔绝，这是一个能让人感觉到被理解的有效区域。

发达经济体为了创造体验，正在转移产品提供的生产和服务。这必须依靠技术来吸引并保持注意力。除了某人的注意力以某种方式参与某事以外，究竟什么是体验？由于我们的体验越来越多地经过加工制造，我们的注意力也随之经过设计来组织分配。

设计的核心通常倾向于提供高度引导下的伪行为体验，满足人的意愿，即便只是按按钮或多选一时的形式感而已。

　　◎可能我们就只剩如此。我们正处于深刻的矛盾之中。
　　◎我们有个人主义理想，人会忍不住说出希望变得孤独，自我不受任何阻碍，自由行动。
　　◎我们又深陷于集体世界的不安全感和模糊性之中。这一点本质上是技术造成的。

因此，我们转而寻求人格化技术，带我们去往安全的避难所，也就是舒尔所说的加工而成的确定性，帮助管理我们的情感状态。电脑游戏就是如此对待我们这群半自闭的年轻人的，赌博机也是如此对待那群走上不归路的赌徒的。或许这有助于管理真实体验不足时的焦虑和沮丧，与此同时，也满足了对自治文化的迫切向往。我们如同那只被动的小猫，生活在现代生活的传送带上。尽管如此，每转一圈还会鼓励自己"把握今天"。在这种情况下，逃离到孤独症区域，意志的实现不受任何阻碍，这就是我们最需要的良药。

如《米奇妙妙屋》的例子中所说，孩子小时候知晓了这种矛盾。妙妙工具箱呈现出加工完成的确定性，是为了使孩子们放心，每一个问题都是能够被解决的。只要我们说一句："喔，土豆！"其他人就会代替我们跳出来，使我们远离可能会带来挫败感的偶然情况。就如何对待具身认知，若孩子希望成为大人，参与世界，成为独立的自我，就必须学习认识并适应偶然事件。孩子成长中自然会产生自我约束，而《米奇妙妙屋》里的选项却将它静置一旁，转而呈现数量有限的现成解决方案，以应对生活中的挫折。这种方式会使孩子更加自由散漫地成长，易于受到"选择建筑师"的管控。

通过回避来解决棘手的突发事件，应对挫折，这类产业蓬勃发展。"情感资本主义"（affective capitalism）经济蒸蒸日上，满足了加工体验的需求。说到情感资本主义，就经常会提到休闲活动，例如赌博、玩电子游戏等。这个术语也适用于某些其他职业。人类学家凯特琳·扎卢姆（Caitlin Zaloom）曾就职于芝加哥期货交易所，她描述了衍生品交易员是什么样的状态。他们盯着屏幕上快速移动的数据，找寻规律。在紧张而又封闭的世界中，与玩电子游戏无异，交易员为自己制造"注意力巅峰"。[7]交易员进入"该区域"，是一种全身心投入的状态，不受其他任何事物的干扰。能达到这种状态只是因为一层又一层的表征和数学模型，消除了金融交易背后的纷扰世事，在不经任何接触的情况下实现了某种"控制"。这种模式本身就令人着迷，交易员深陷逻辑与数据之中，凭直觉抓住机会。更不用提金融危机前期，这种半自闭的金融游戏带来的巨大损失，但是离开屏幕，在他处也是如此。

注意力设计正在情感资本主义经济中占据一席之地，创造出服务于我们的体验。其中，"游戏产业"最具自我意识，也最复杂精细。因此，让我们仔细探究一下注意力设计，它清楚地展现出一种不断发展的趋势，但由于注意力的作用并不那么明显，因此很难辨认。

设计致瘾

　　舒尔的书可以认为在过去 30 年的社会科学中有重要地位。这里我就不再论证书的内容之丰富，解释范围之广，以及舒尔在赌博案例的研究中表现出来的顽强精神。除了揭露正在成形的资本主义新形式，该书整合了关于认知架构和情感驱动力的深刻见解。她深入研究人们在进行机器赌博时的体验，从更广义的人类学层面上阐明了人类本性中奇怪的紧张感，使得赌博如此令人欲罢不能。

　　赌博成瘾者在赌博机面前一站就是 8 个小时，甚至 12 个小时，会引发血栓或其他疾病。拉斯维加斯的医护人员时刻担心接到赌场打来的电话。赌场的病人通常都是心脏病发作，需要立刻抢救。但是在赌场，即使有人晕倒了，其他人也不会让开通道以便医护人员进行急救。他们不会离开机器一步。震耳欲聋的火灾警报也同样会被忽视；就算洪水泛滥时，他们也没有离开座位。这些赌徒全身心地投入其中，以至于完全忘却了周边环境。

　　舒尔采访了一位女性赌徒，她必须穿黑色衣服进入赌场，以便排泄在自己身上时不会被人发现。赌徒一旦占领了一台机器，就无法忍受离开它，所以随地大小便也十分常见。

　　这与詹姆斯·邦德在蒙特卡罗 21 点牌桌上的形象截然不同。在电影里，邦德瞟了一眼装腔作势围成一圈的赌徒，赌徒也正饶有兴致地看着他。这时，赌博不过是模拟了现代都市的一个场景而已。在高风险的赌局中，无论是自信地跟进还是放弃，都展现出无穷的魅力。你希望幸运之神首先眷顾自己。有时需要勇气和沉着，无论输赢，都需要展出自己。又或者你有其他的意图，希望向商业伙伴展现自己冷静的计算能力和坚强的意志，而不在乎自己的社会表现。然而在任何情况下，你都不会尿在裤子上。

赌场里一夜暴富的画面与现实相去甚远。舒尔写道："直到 20 世纪 80 年代，貌似健康的桌上赌博游戏，例如 21 点和双骰子，占据了赌场，而老虎机只能靠边，放置在走廊或电梯旁。"截至 2003 年，美国博彩业 85% 以上的行业利润来自博彩机器。以赌博机为核心的公共关系将机器博彩展现为消费者的主流娱乐方式，例如弹球街机游戏等。州政府官员追求博彩财政收入，乐于接受博彩行业将自己重新定义为"游戏"，有助于消除与之相关的道德败坏问题。同时，个人电脑和电子游戏开始普及，消费者越来越习惯与屏幕互动。舒尔指出，上述发展推动了赌博成为稀松平常之事。

同时，内华达州通过了《企业博彩法案》（*Corporate Gaming Act*），开设赌场从有组织的犯罪摇身一变成了公开交易的公司。购买或建造赌场不需要事先对股东进行背景调查。舒尔写道，华尔街的资本积累非常容易，于是将目光投向博彩行业，在整个 20 世纪 90 年代，拉斯维加斯开始被大型企业主导。

1980—2008 年间，拉斯维加斯的游客数量增长了 4 倍，全职从事服务行业的居民人数也随之暴增。拉斯维加斯从此成为旅游胜地，企业从当地人身上看到了机器博彩的潜力。业内人士称，游客只是"暂时赌徒"，而当地人才是"长期赌徒"。我们的大脑可塑性非常强，重复几次就会上瘾。

舒尔写道，拉斯维加斯居民中有2/3的人赌博，其中有2/3严重成瘾，即一周赌博两次以上，每次超过4小时；其他人属于一般成瘾，即一个月赌博 1～4 次，每次不超过 4 小时。他们通常就近选择赌场，那些停车便利、有托儿所的赌场更受青睐。舒尔引述了一位赌场经理的话，他经营的赌场颇受周边居民欢迎，他说："我们当地的顾客非常有辨识力，他们知道自己想要什么，每周都会光顾 5～7 天。"[8]

博彩业的大部分利润正是来自这些有辨识力、知道自己想要什么的顾客，他们的赌博欲望非常强烈，甚至可以把孩子托付给赌场。当地人会稳定而持续地玩老虎机，产生的收益高于不定期来牌桌上豪掷千金的游客。生活就是这样：酒店的保洁人员、大街上的保安、酒吧服务生或预订员，他们一周工作 40 个小时，空闲时间就把工资都投入老虎机里。舒尔写道，当地将近 82% 的赌徒是赌场的"忠诚客户俱乐部"会员，带着会员卡进出赌场，卡上记录着该名会员的赌金和回报，以及各种其他信息。通过会员卡，赌场可长期追踪客户，分析其行为。一些赌场配有面部识别软件，一旦赌场一楼的摄像头发现卡片持有人正向出口移动，这时他最喜欢的赌博机就会喊出他的名字。

早在1999年的年会上，博彩行业就认可拉斯维加斯已成为最"成熟"的市场，是其他地区效仿的典范。州政府的财政压力也为博彩业的发展壮大提供了契机。事实上，美国 41 个州都允许机器赌博，不仅在赌场，在酒吧、加油站、保龄球场、餐厅、卡车服务站、超市、杂货店和洗车店，都是合法的。这就是"赌博便利"。

但我们还未探讨人们为什么会在赌博机前驻足，为什么会投钱进去。一位受访者告诉舒尔："这种速度令人放松。准确地说，不是兴奋，而是平静，像打了镇静剂一样。"赌博没有任何实质性内容，与药物成瘾不同，所以一些人不认为这是真正的上瘾，因为不存在脱瘾症状。形成强迫行为的一个决定性因素就是回报的频率。随着我们对于回报的要求越来越高，这个频率也要越来越高。

过去几年赌博机有了新发明，机器的速度越来越快，比如老虎机的机械拉手被电子按钮取代，这样手可以长时间放在上面。之后，机械滚动卷轴被荧光屏取代。机器开始接收大面额纸币，玩家再不必辛苦投币了。仅仅改进这项，就使赌金增长了30%。电动扑克老手每小时可以过1 200手牌。你可能会看到一个人趴在酒吧或加油站的终端机器上，在触屏上滑动手指，动作之快令人眼花缭乱，可以与打字员一较高下。老虎机的速度也不过如此，几十年前每小时最多300局。如果你下注25美分，你可能"赢得"15美分，这时灯光闪个不停，输钱也像赢钱一样，导致你大脑中的多巴胺也会不断分泌，形成奖励回路。赌徒称之为"那个区域"，博彩业称之为"持续博彩生产力"。

博彩生产力有三个组成部分：游戏速度、持续时长和每轮的赌注。持续时长不断延长，因为一些设计因素成功消除了干扰，用行话来说就是延长了"设备使用时间"。20世纪六七十年代，老虎机中加入了大箱柜来承载大量涌入的硬币，在此之前，赢得头奖就必须停止下注，等着赌场服务人员过来核实，派彩后才能继续。舒尔采访了一名博彩行业的改革人士，他说："这不仅仅让你停止下注，而且暗示了结束，暗示了游戏终结，会使客人赢了钱就走。"另一方面，手中满满的硬币也随时可能又回到赌博机里，所以赌徒可以积聚下注的动力，直到想要再一次进行游戏。无现金博彩中，钱丧失了货币形态，成为磁卡，有助于进一步克服插入钱币带来的障碍。⁹来到赌场是得到现金的一种途径，内华达州禁止将自动取款机与老虎机捆绑在一起，但其他司法辖区相比之下更有远见，允许在博彩场所无限制地汇款，只要钱或信用卡额度够用就行。一家名为全球现金通（Global Cash Access）的公司推出了"当场付"（Stay-n-Play）功能，以方便付款。

　　但是真正的生产力发展在于产业意识到速度与持续时间密切相关：速度越快越吸引人，因此也能延长游戏时间。舒尔所说，博彩行业已经开始了一项新计划，类似于 20 世纪早期的泰勒主义时间和动作分析。通过这套制度，工厂工人的生产效率实现了最大化。目标是在考虑到人类极限的前提下，探索流水线传送带移动的最快速度。当然，在拉斯维加斯，这种科学管理的目标不是针对生产者，而是在于吸引顾客参与精心制造的"区域"体验。但是，仍然要实现生产力的最大化。舒尔采访了业内人士，他们坦率地承认，赌博机和整个赌场环境的设计目标就是要让玩家"玩到最后"，分文不剩。

　　要做到这一点，其中一点就是要确保舒适的环境，让玩家忘记自己的身体。通过机器界面和赌场环境的精心设计，隔绝任何影响玩家连续体验的外界因素。玩家完全沉浸于自己想要的环境中，玩家想要的就是赌场想要的。设计者称其为"玩家中心设计"。玩家的偏好得到满足，心情愉悦，自然兴致高涨。

　　玩家和赌场之间的利益看似一致，但只有忽略二者视角的明显差异才能得以维持。玩家追求当下令人陶醉的体验，也就是舒尔所说的，在他们眼中超越时间的体验，生活中的压力和意外都被暂时搁置。然而，博彩行业却存在于我们共享的世界中，时钟继续滴答地走，玩家摒弃世界，投入游戏。当他用光最后一分钱时，在恍惚中回过神来，发现自己站在一摊尿液上，惊愕地看着升起的太阳，才会意识到所谓的互利关系只不过是赌场单方面的获益罢了。

博彩业大会的一次关于"玩家中心主义"论坛上，一位业内人士说："你越精心调整，为玩家定制博彩设备，玩家就越会玩到分文不剩。这会带来巨大的收入增长。"[10]

在 21 点等纸牌游戏、双骰子等骰子游戏，或轮盘赌等基于偶然性的游戏中，假设骰子没有暗中灌铅等违规操作，玩家十分清楚自己的胜率。早期的老虎机都是如此。老虎机一般有三个卷轴，有固定数目的停顿点，分别用不同的符号表示。三个卷轴同一水平线上出现相同的符号，即为中彩。后来，纯机械老虎机的砝码和弹簧被开关和马达替代，之后又被计算机取代，由随机数发生器来控制概率。以前派彩概率取决于老虎机上有几个停顿点，以及多少个卷轴排成一线，概率清晰明确地呈现在玩家面前。而现在却受到操控，任何概率都可以通过机器编程控制，与实际概率并不相同。机器表面上展现了随机性，但其实与随机性真正的产生过程完全不同。这一设计验证了我们的假设，即使经过再多的重复，想要掌握机械过程，支配游戏，都是幻觉。

几十年前，制造商不仅开始生产大卷轴用于赌博机，以容纳更多符号，还增加了赌博机上的卷轴数量。玩家可以明显察觉到符号增多后，赢钱的概率降低了。我们在成长过程中，作为具身存在与稳定有序的世界打交道，逐渐学会了用直觉来判断可能性。博彩行业的重大突破就在于发现人的直觉是可以操控的，即通过"绘制虚拟卷轴"。

屏幕上的卷轴保留了原先的顿点数目，派彩符号或空白符号各 11 个，总共 22 个符号。但是真正的概率呈现在上面的虚拟卷轴的顿点数目是任意的，有时可能有几百个。因此，若不加以进一步控制，实际概率会远低于它表现出来的概率。但是，真正的魔法就是，设计师可以在屏幕上任意"绘制"虚拟顿点。将更多的虚拟顿点绘制在实际卷轴上显示的派彩少或不派彩的无效位置，而非派彩位置上。更精明的是，通过一种名为"聚集"的技术，将过量的虚拟顿点绘制在头奖符号的上面或下面。与纯随机相比，在中奖线上下出现的概率更高，增强玩家"差一点就赢了"的感觉，玩家就会因此继续游戏。舒尔引用了行为心理学中的"坚持挫折理论"（frustration theory of persistence）和与之相关的"认知遗憾"（cognitive regret），玩家通过继续游戏逃避上一次与胜利擦肩而过的遗憾感。博彩业深谙这一套理论，对业内的所作所为了然于心。[11]

令人心酸的是，舒尔的一位受访者说："既然学会了这种模式，只需要把它做好就可以了。"永远处在赢的边缘，使他相信自己正要学会一项神秘技能，能够通过直觉感知机器的运作规律。然而，他不会赢，他只会一次次在游戏中增加成功的频次依靠对玩家的追踪，设计师可以人为增加玩家下一次接近成功的频次，使他感觉越来越得心应手。

人类对于探测模式有十分细腻的敏感度，显然与我们期望变得能干的内驱力有关。正如之前所提到的，尼采说过，人的喜悦就是感受到自己的能力在不断提升。想想儿童学步时，感觉到越来越自如地掌控自己的身体，孩子学习接住高空球，或者成年人努力学习骑摩托车过弯道，都是如此。在上述所有努力中，我们敏锐地发现感觉数据流如何展现世界的稳定性，由此实现了技能的精进。能做到这一点是因为，通过行为我们获得了看待事物的不同视角。理解现实的能力与我们自身的能动性密切相关。绘制虚拟卷轴，就是利用了这些认知和情感架构的基本要素。一项精密的注意力设计能创造出能力不断提升的幻觉，让人误以为自己需要了解的是一个稳定的实体，受其本身必然性的支配。但事实上，呈现在玩家面前的视觉信息与机器输赢状态之间并不是任意的关系，而是带有人为欺骗性的。

这种操控下的高赔率意味着偶尔能产生高达百万美元的头奖，这就是吸引新玩家的关键。他们还未意识到赌场里紧张刺激的满足感，只是天真地带着赢钱的目的而来。一位业内人士说，高额大奖是老虎机广受欢迎的主要原因 [12]，当然也一定会以最佳频次设立小额奖金。在依赖随机强化的行为调节中，这就叫作"强化程序表"（reinforcement schedule）。这与著名的心理学实验巴甫洛夫的狗中的"经典条件反射"相反，巴甫洛夫的狗实验证明事件之间具有密切相关性。在以老鼠为样本的实验中，随机强化（比如注射一针可卡因）是引诱动物坚持某种行为（如用口鼻部位按按钮）最有效的方式，并且偶尔会对行为给予奖励。继而样本老鼠会一直顽强坚持，不吃不喝，直至死亡。自我保护的本能因更强大之物而失效。

死亡本能

舒尔借弗洛伊德的死亡本能解释了机器赌博成瘾的更高阶段。一位名叫玛利亚（Maria）的受访者说："直至最后，你真正能掌控的就是快点终结一切。"听起来似乎有些奇怪，这是一种带有自杀倾向的自我否定，但这样类比十分贴切。赌徒中普遍存在自杀，赌博自杀的人数高于任何其他致瘾原因造成的自杀。赌博机让玩家"玩到最后"的设计，与人类的深层倾向相符，我认为这种倾向并不局限于成瘾者和自杀者。

弗洛伊德说过，人有再次体验失望和痛苦事件的机械性动力，重复的冲动会凌驾于快乐原则之上。避苦趋乐的快乐原则使我们保持永恒的运动，这是能激发积极性的"生命本能"，是自我的基础。然而我们还拥有更原始的本能，回归停息、静止与和平状态，舒尔就是这样描述死亡本能的。死亡的目的是平息生命的躁动，重归静态。

舒尔采访了一个名叫莎伦（Sharon）的赌徒，她在玩电动扑克时甚至不会去看牌。"你走向了一个极端，无须欺骗自己掌控了一切，而只是把自己困在机器上，直到失去一切……一开始吸引你的屏幕、选择、决定、技巧逐渐消失，你开始接受偶然中的必然：最终将一无所有。"[13]

赌博爱好者称，凌晨赢得头奖会令他们感到烦躁，因为那时已经精疲力竭，本打算收手回家，但是被迫要将赢钱带来的紧张感"归零"。舒尔说，他们赌博以求控制。我认为这里舒尔指的是玩家在高速游戏中半自闭的效能感，似乎是希望自己能够完全不再存有对控制的需求。从这个角度来说，赌博中的经济损失不是他们寻求控制的附属结果，输钱本身就是深层目的。[14]如果口袋里还有钱，就还要继续选择。你可能几个小时以前就决定了去其他赌博机了，但只要还有钱，就面对着另一种做法的可能性：停止思考，因为你的意志还在游戏中。同样，性爱成瘾者也说，他们通常不是出于性欲而召妓，而是为了逃避思考今天要不要召妓这个问题。一旦屈从于这种冲动，问题就迎刃而解，就会感到如释重负。对赌徒来说真正的如释重负在于耗尽一切。只有那时，才能得到片刻的安宁。我们可能会将其视为自我管理重压之下精疲力竭的反应，在以自由为基础的文化中，我们的确生活在这种重压之下。

试想一下，玩家将一根牙签塞进开始按钮，然后机器会不停地运转。此时玩家彻底变成了旁观者，看着分数表升高又降低，当然多数情况会降低。在澳大利亚，老虎机开发了"自动播放"功能，为成熟玩家服务，这些玩家已经超越了控制，进入了纯粹的自动化状态，成为机器的一部分。这种去主体化确实与死亡相似。

这似乎极尽病态，但我在自己身上也能发现类似的情况，比如在电视机前提不起兴致，有什么节目就看什么节目。从沙发上起来后，我会厌恶自己，既然刚才没有得到丝毫快乐，那又为何如此？我想可能与这种状态的被动性有关，失去了规律的工作也就失去了夹具，因而每一刻的心境都存在选择的难题，都要进行思考和评估。有时我只想待着看看新闻，因为我没得选择，只有这个。

赌瘾极大的赌徒并非异类，而是向我们展示了人类状态中的重要一面。之所以这么认为，还有一点原因，他们的行为反映了我们所认为的有价值之物可能存在某种阴暗面：行为除了本身不断持续之外毫无意义，因为它不是达成某种目的的途径。这一行为的要点就是行为本身。塔尔博特·布鲁尔详细阐述了这种"本身具有目的"的行为，发现它们存在某种模式：它们受到某种暗示的引导，暗示存在某种有价值之物，希望通过你的行为更全面地展现出这一价值。在不断重复的过程中，发现自己针对的是一个移动的目标，因为它只有在你追求它时才会显露出来。布鲁尔举了蓝调歌手的例子。在歌唱中，她在思考该怎样传递歌中某一段微妙而复杂的情感。她这么做，不单只是找寻途径表达她饱满的情感。更重要的是，她在采用不同唱法的过程中找到了这种真情实感。

　　布鲁尔描述了本身具有目的的行为，其中存在某些尚未理解的真实性，包括在特定歌曲情境下的真情实感。真正要担忧的是，通过我们探索能力的各种各样的操作，赌博机被魔法化了，这也可能增强了赌博机本身的吸引力。但正如我们所见，随着赌博经验的累积，这种骗术逐渐显露出来，赌徒开始将"毁灭"设定为行动的目标。[15]

　　这确实令人震惊，与我们通常对事物吸引力的理解大相径庭。如果只是个别赌徒的异常病态行为，或许能让人稍许平静些。事实上，《精神障碍诊断与统计手册》（*Diagnostic and Statistical Manual of Mental Disorders*）中将"赌博障碍"列入精神疾病，博彩行业对此甚为满意。因为博彩业本身就试图将"赌博成瘾"视为个人嗜好的展现，这些人原本就没有对抗内在冲动的能力。但令人遗憾的是，赌博也只是某一群赌徒的典型特征，如果赌博机受到严格的管控，那么他们也必定会找到其他的出口进行自我毁灭。

　　博彩行业力图将沉迷赌博行为描绘成个人的身体状况，这么做当然是为了转移焦点。事实是，只有被设计过的赌徒才会"玩到最后"。赌博体验的各个方面都经由设计变得生动活泼，从赌场的内部设计到机器摆放的细节，再到精心标刻的胜负概率。如舒尔所说，机器成瘾并非机器本身的属性，也非只是个人嗜好所致，而是因为我们正常的心理构成与黑暗的注意力设计之间相互作用。我们的神经通路如此易受影响，以至于重复再加上随机强化就能致瘾。这就是商业模式的基础。

舒尔说过，虽然以医学上对沉迷赌博进行解释，使我们在某种程度上不会苛责赌徒意志不坚或者道德薄弱，最终导致我们也不会再苛责赌博机供应商或承包商的社交堕落和道德腐败。[16] 将原本的道德问题进行医学解释是一种广泛存在的文化现象。这种趋向难以抗拒，谁都不想成为只顾指责他人而非关心他人的混蛋。但这里，借由这我们可以看到一个狡猾的逻辑：在精神病机构的帮助下，民主不评判的做法在自由资本主义中占据优势，这让我们在道德上对评判的谨慎性成了机会。

自由意志主义者的反应

在我们的经济体制下，每个人都要对自己的行为负责。要维持这一观点，必须将如赌博成瘾者、性爱成瘾者等未能实现理想自治的人群分离出来，将他们定性为病态人群。如果这类人有内部缺陷，那就不能急着批评如便利店的赌博机、手机里的色情信息等外力造成的自控力缺失。如果我们经常将"政府干预"对"经济"有害挂在嘴边，就仍不会担忧满足我们需求的刺激占据了我们的生活。这当然拉低了某些人的底线。

新闻节目《60分钟》（*60 Minutes*）曾就赌博成瘾进行了报道。莱斯利·斯塔尔（Lesley Stahl）采访了时任宾夕法尼亚州州长的埃德·伦德尔（Ed Rendell），伦德尔向博彩行业大献殷勤。他一开始就强调了在宾州开设赌场的好处远大于坏处。如果单一实体同时受到好坏两方面的制约，那么这种成本效益分析的论调可能正合时宜。但是，州政府的收益必定来自财富的转移，随之而来的税收也会提升，低收入人群首当其冲。因为赌博花费的提高就意味着其他支出的减少，因此也会影响营业税等其他税收形式。但是，这个采访的精彩程度远不止上面提到的这些。伦德尔说赌博具有永恒的魅力，早在文明发源地的两河流域，人们当时就在岸边赌博。他坚称既然无论如何都要赌博，那不妨就在宾州赌。至于赌博成瘾者，他们无论如何都会把钱输光。斯塔尔追问这一立场中明显的漏洞，步步紧逼。斯塔尔说，如果在宾州只需要穿过市区去赌场，地方报纸全部版面都是赌场广告和促销活动，这跟跑去大西洋城赌博完全是两回事。州长先生当场勃然大怒，推开斯塔尔，直接对着镜头大发雷霆。

伦德尔似乎认为质疑他就如同思想犯罪。他开始生气时，采访就中断了。但是斯塔尔在报道中说，伦德尔的底线就是应该允许人们做出自己的选择。谁能反对这个说法？高谈阔论这种自由主义自治起到的实际效果，就是确保了大部分宾州公民将会变成"忠诚玩家"。

这说明了一个更广泛的问题。我们原则上不谴责使人失去抵抗力、自甘堕落的活动，因为我们担心我们的行为太过专断。我们担心将自己的价值观强加于他人，因此也避免去过度描绘人类繁荣的真实图景。这令人感到愉快：我们不是独裁专横的人。我们尤其会优先考虑避免这样去做，根源在于尊重他人，尊重我们认为自治的他人，应该允许人们做出自己的选择。

自由主义认为美好生活并不可知，背后有着引人注目的历史原因。这是一种有意识被培养起来的心态，是为了缓解数百年前的宗教战争。当时，人们因为分歧导致自相残杀。第二次世界大战以后，对右派和"左派"极权主义政权的反感，使我们加倍投身于自由的中立性。但这种立场不适用于 21 世纪的资本主义。如果你生活在西方，没有陷入逊尼派和什叶派的斗争中，也没有恐怖袭击等极端致命事件的风险，每天幸福生活的威胁不再来自意识形态战争或神学宗教对自由主义世俗秩序的威胁。这种生活源于秩序。

那些对由此带来的物质利益感兴趣的人学会了自说自话，并以追求物质利益相反的方式探讨自主性的深层心理问题。进一步说，如州长所言，原始的自由主义原则认为价值不可知，弱化了我们的批判力量。

我们没有坚定地表达过美好生活是何种图景，因此我们也不能清晰地批判美好生活的某种丧失，就像机器赌博呈现的那样。因此除了考虑狭隘的经济利益，我们不能提供任何管理法则。[17] 我们认为个人"偏好"神圣不可侵犯，真正的自我会神秘地涌现，因此难以进行理性审查。这些偏好是花费数十亿美元、以科学方式进行操纵的对象，这一事实与"自由市场"中由自我做出选择并不相符。其中没有喧闹的党派之争，所以注意力很容易移开。而且，由于目光不再聚焦于这些事实，自由主义者或自由意志主义者能够保持自己的内心纯净，唯恐将任何实质性的理想托付于他人，否则这一理想必然会饱受争议。但在他的内心之外，狼群正在猎食市民。在目前的处境中，这种自由主义纯净只会造成公益精神的丧失。

即便以伦德尔州长的立场来说，他的自由意志主义答复也并不适用于机器赌博的情况。显然他是自由爱好者。如果问他自由是免于什么的束缚？可想而知，他会回答"政府"。但想想 21 世纪的今天，这听起来颇为奇怪，更像是 18 世纪的答案。可能在电话里，你因天合汽车集团（TRW）或其他信用评级单位在管理信用记录时犯的错而与其争吵，这个错误可能非常严重。你们展开一番唇枪舌剑，但你迟迟无法令对方低头。你打开电脑，拨通威瑞森通信（Verizon）的客服电话，想确认通信账单上一笔反复出现、无理由的费用。"无代表，不纳税"（No taxation without representation）以及"不要践踏我"（Don't treat on me）的精神值得赞赏，但必须针对适当的离岸实体。自由论者感到疑惑，因为不同于詹姆斯一世（King James I）时期的处理方式，威瑞森通信并未直接主张主权。相反，它利用看似理性的官僚政治。从客服电话中的那句"您的来电对我们十分重要"，就能明显嗅到不守信用的气味。我们开始怀疑正在对抗的不合理性是非系统错误所致，是商业计划的一部分。可能等待通话的时间不是因为异常的大量通话涌入，而是特意校准过时长，使一定比例的通话者不再坚持。坚持通话就不得不听威瑞森通信其他服务的录音广告，这一段时长也经过精心设计，将通话者控制在马上就要邮寄炸弹的不耐烦程度以内。

　　我欣赏自由主义者对自由的热爱和对政府的厌恶，但我认为他们对厌恶的事物所持的观点既狭隘又过时，讨厌个人必须受制于各种规则的环境。资本的累积数量之大已经在以半政府方式运作，并且受到更加强大的信息技术的支持。可以说，目前实际或选举的政府的一大重要职责，恰恰就是在应对特大型企业时，抑制和管控无责任治理行为的暴增。我很乐意向美国国家税务局支付我应付的税金，将这笔钱用于帮助政府保持强制力的垄断，尤其是进行商业调控。我希望联邦贸易委员会能够帮助我打击天合汽车集团。有必要针对机器赌博，建立一个自由主义者倡导的积极主动的政府。

　　一方面，自由主义者捍卫机器赌博，博彩行业也将自己描绘成自由精神的象征，认为这是自治主体为自身利益而采取的行动。另一方面，赌博机和赌场环境的方方面面通过故意设计引诱玩家"玩到最后"。

这些设计的成功有力地证明了我们确实是环境中的存在，在与环境的互动中形成自己。博彩行业的商业模式就是建立在这一认知上。仅仅抱怨博彩业的操纵侵犯了我们的自治理想，不过是不幸的自由主义批判。这种不幸就在于它建立在不切实际的人类学基础上：与博彩业发言人所描绘的自治自我的图景如出一辙，行动的基础并非来自真正引导行为的更现实的人类学。

有效的防卫必定伴有有力的进攻：在人类环境中对行为予以切实的解释，行动者与世界和他人互相接触；与之相比，加工体验中的孤独伪自治就只是苍白无力的替代品。我希望，本书中对日常行为的论述，比如快餐店厨师、冰球运动员和摩托车车手，将有助于为此提供具体的形象。我认为这些形象存在于注意力和行为的生态环境中，这一环境秩序井然，能够支持人类脚踏实地，实现可能的繁荣。

为了进一步扫除障碍，对注意力进行切实论述，我们需要更好地理解自治自我的人类学。我已经说过它是捍卫博彩业的基础，当然一开始并非如此。它的起源可以追溯到崇高而严肃的启蒙运动。在后文的插曲部分，我们将会探究它的原始情境，以更好地判别它能否适应现状。

THE
WORLD
BEYOND
YOUR
HEAD

INTERLUDE

插曲
自由简史

A BRIEF HISTORY OF
FREEDOM

　　说到自由,我们热切地渴望它,希望摆脱的束缚也在不断变化。今天,
理智的保守派通常将自己称为"古典自由主义者"(classical liberals)。
这个术语十分贴切;他们普遍持有的自由观, 就是约翰·洛克(John
Locke)等人在建立现代自由主义时所阐明的自由观。若去参观托马
斯·杰斐逊(Thomas Jefferson)在蒙蒂塞洛的故居,你会在客厅显眼处
看到一幅洛克的画像。在《独立宣言》中, 也可以看到多处洛克《政府
论》(*Two Treatises of Government*)的影子。对于美国建国的一代人而言,
要摆脱的束缚显而易见:英格兰政治君主滥用强权。

　　在第1章的末尾,我开始批判这种"古典"思想的庇佑,自由意志
主义者的观点早已过时,他们未能正确认识自由的威胁来自何处。这本
书表面上以探讨注意力为主要内容,谈论政治似乎过于离题了。但事实
上, 在我们的探究中,自由主义的诞生是一个重要的时刻,因为洛克将
自由具体化,满足其政治立场的需要,但也在政治之外产生广泛共鸣,
并继续充实着如今已成为我们第二天性的自治理想。洛克要重新描述政
治, 就需要重新描述人类以及人类在世界中的基本状况。最终就需要重
新解释我们如何理解世界。

假设：

◎我们被迫要摆脱权威的束缚，摆脱赤裸裸的强制或披着知识外衣的独断。若要摆脱后者的束缚，就不能依靠他人的证言。

◎通过减法得出了积极的观点，那就是自由即是自我负责。这既是政治原则，也是认识原则。

◎实现这一点最终有赖于将真理标准由外向内转移。现实不会揭露自己，我们只能通过建构表征来认识现实。

◎因此注意力降级了。我们正是通过注意力这种能力与世界直接打交道。如若这种交道不存在，注意力就一无是处。

　　让我们暂且退一步来思考。本书中我摘选出的一些现代文化的地貌特征，建议将其视为更广阔图景的一部分。如果把前景比作树木，那更广阔的图景就是广袤的树林，包括从启蒙运动中继承而来的一系列的假设，关于我们的头脑是怎样工作的。当然这些本不是假设，而是清晰阐明的论断。照此，将其传达给某人，它们就成了对话的一部分。回到当时的历史背景，我们发现，最初这种谈话并非为了平静地探寻大脑如何工作，一开始就是政治争论。

　　史实表明，争论中"赢了"的一方唯一的指导原则就是解放，无论是从旧制度的教会权威下，还是亚里士多德的形而上学中。因此，对于这场变革在几百年间所建立的广义形而上学和人类学而言，其特征就可以用"自由主义"来描述。回顾 300 年来的思想史与目前的注意力危机有何联系？很简单，在启蒙思想内探讨专注于某物是不容易被理解的。想要寻求方法，走出目前的困境，我们需要严密地论述注意力是如何工作的。为此，我们首先需要在这种思想传承中提高自我意识，审慎判断。

这样做有助于看到目前为止所检视的现代生活特征具有怎样的潜在统一性。我们已经思考过一个问题，那就是当我们与世界的联系是经由表征调解时，会导致精神碎片化和武断：表征摧毁了判断临近程度和距离远近的基础轴线，这个轴线是绘制在世界中定位和绘制周边视野的依据。我们注意到，设计原理起到了突出作用，切断了行为与感知之间的纽带，比如现代汽车割裂了我们与感觉运动之间的相倚性，使具身存在不再能借此掌握现实。机器赌博就是这种抽象化最具代表性的实例，它清晰地展示了这种设计原理如何在黑暗的"情感资本主义"领域进行强力干扰，那就是加工制造体验的地方。我们看到这些体验的核心通常是提供机会，逃离生活的挫折，进入半自闭状态。在我们无法理解世界时，这种体验尤为吸引人，因为似乎有"巨大的非人力量"在进行掌控，这很难以人类的角度去理解。我认为所有这些都倾向于雕刻出某一种脆弱的现代自我，他们的自由和尊严都建立在隔绝相倚性的前提下，他们倾向于将技术视为帮助实现这一切的魔法。这种自我会从一堆选项中进行选择，却不具有成熟的能动性，不能应对未加筛选的选择。最后，我认为，各种官方的心理调适人员以我们的名义建立了各种"选择架构"，而这种自我就尤其容易受到"选择架构"的影响。

我们很难去批评世界的这些特征，尽管在我们描述之下似乎有些耸人听闻，但是它们与现代西方人的典型美德密不可分。我已经说过，我所描述的大部分都可以理解为康德自治理想下的文化图景。现在，我希望进一步向前追溯，调查启蒙运动的早期，回到我们第一次踏足这个领域的时候。这可能会帮助我们追根溯源，因为这些时刻见证了我们所确信的政治原则是如何表达的。我相信它们仍然坚不可摧，值得我们继续坚信，但同时也要冷静看待从政治中反映出来的广阔的文化地带，看到它们可能并不适合我们的现状。

　　将目前的环境和其中的理想自我看作被遗忘的历史论战沉淀下的结果，具有指导意义。理解自我就需要深入挖掘哲学思想史，因为正是在这些争吵中历史才沉淀下来。这并不需要做到深入根基，而是要像地质学家一般，看到清晰的剖面图，理解最基本的，与历史无关的自我。如果能做到这一点，我想将有助于我们以不同的眼光看待目前的体验。

自由主义的反事实起源

　　约翰·洛克认为，自由的主要威胁来自政治统治者滥用强权。当时盛行的政治理论认为，君主与其他所有人之间存在着根本差别，从而将这种权力合法化。各种观点都将君主政体和上帝的意志相连：君主是上帝在人间的代表，在公民与君主、君主与上帝之间存在着类似于子女与父母之间的依赖关系。无论洛克的策略多么真诚，都是为了提出他自己的神学观点：上帝远比人伟大，二者的差异深不可测。学者对此持不同意见。在这种关系下，任何个人试图对他人宣称上帝般的强制力，都是无效的。[1] 我们的自然状态是人与人之间彼此自由。

　　洛克进一步阐明了这一点：以前我们生活在"自然状态"中，主要特征就是没有公认的权威，没有第三方对争议进行仲裁。在《政府论》

中有几处似乎是从历史角度阐述我们曾经如何生活，也有洛克利用这一概念来描述尚未赞成共同政府的公民之间是何种道德关系的内容。在这一状态下，人只遵从自身理性的命令，即不存在"权威"。托马斯·霍布斯提出，这会变成所有人对所有人的战争。人们同意授予权威，服从共同裁判者，共同裁判者由此获得政治权力与责任，政治社会便在这一决定性的时刻产生。表达同意是关键，这是政府合法性的来源，也是反对政府合法性的来源。

　　我们可能会疑惑，这至关重要的"表达同意"何时产生？我们出生在一个本就在正常运行的社会，我们所有人不就是这样生活的吗？可能我以默示的方式同意了目前的政体，比如行走在公用道路上，因为我别无选择，不是吗？如果我离开公路，在丛林中另辟蹊径，很快我就会看到"禁止进入"的标志，已经有其他人先到达了这里。洛克的政府合法性理论是建立在同意的基础上的，它描述的不是事物的正常发展过程，而是政治建立的假设性时刻。这不是任何真正意义上的革命发生的时刻，而是虚构了一个不存在的社会，在这里土地是不属于任何人的。在政治人类学的基础上，人类不受过去的制约，经过自由的思考而存在。自由主义自我的自由是全新的、孤立的自由。洛克的自然状态思想实验显然是反现实的。它的前提跟马特·菲尼（Matt Feeney）的观点一致，要理解人及其道德与实践的才能，必须排除可能实现这种才能的环境，更何况有些才能本身就是与生俱来的。[2] 自由主义的自我是脱离情境的。

自由作为自我责任

洛克担忧的不仅仅是政府赤裸裸地执行强权而不具有合法性，还忧虑那些包裹着知识外衣的强权。因此他的政治设计与认识论相关，二者是同一性质的。在他的理解中，他是从属的，受奴役的。在《人类理解论》（*Essay Concerning Human Understanding*）中，洛克"得到"了最重要的解放。

查尔斯·泰勒（Charles Taylor）指出，洛克的《人类理解论》整本都是针对控制者而言的。这里的控制者指的是神父和经院哲学家(schoolmen)，他们传承了僵化的亚里士多德派的传统，通过看似无可争辩，实则华而不实的原则掌控他人。³洛克的时代虽然经过了宗教改革，但政治权威和教会权威仍然互相交织和互相依赖。

政治自由需要思想独立，洛克对此做出了更进一步的阐释。他追随笛卡尔的脚步，号召我们挣脱既定旧习和既有观念的束缚，其实就是挣脱所有被视作权威的他人的束缚。洛克说，我们可能理性地希望借他人之眼观察，借他人之脑思考 ……我们的大脑充斥着他人的观点。即便这些观点偶尔是对的，也无法使我们变得博学一点点。⁴

因此，政治自由的蓝图逐渐变得更为广阔：我们应该渴望实现一种具有知识意义的自我责任。我自己就是我所有知识的来源，如果不是从我这里得来的知识，就不是真的知识。当你足够长远地追求挣脱权威束缚的时候，这种自我责任是通过减法而形成的积极形象。⁵

但这种自我责任也伴有焦虑：如果在认识上，我必须依靠一己之力，这使我疑惑怎样才能确认我的知识就是真的知识？站在他人证言的对立面，毫不妥协，必将产生疑虑。

我们如何知道邪恶的天才没有欺骗我们？即便是自己的感觉也会令自己误入歧途，比如视错觉。笛卡尔将外部世界的存在本身视作哲学理应担忧的问题。他追求确定性，即不为任何怀疑所动摇的知识基础，他想到了思考（即"我思"），认为这是毋庸置疑的。于是便有了"我思故我在"。这个确定无疑的出发点必须作为所有知识的基础。那么，我们需要的就是进行思考的规则，我们可以从这个万无一失的出发点开始，建构某种知识。现在重要的不是思考的内容，而是我们如何开始思考这些内容。此处重申一下洛克的观点：我们的大脑充斥着他人的观点，即便这些观点偶尔是对的，也无法使我们变得博学一点点。这里蕴含了一个新概念，即理性意味着什么。如泰勒所说，理性的标准不再是实质上的，而是程序上的。这意味着真理的标准也因此改变：它不存在于世界中，而在自己的头脑中；它是我们心理过程的功能。[6]

因此，注意力变得不那么重要了。或者说，对注意力重新界定了方向。将物体与世界相连接不会帮助我们理解现实，要理解现实必须将物体引向思考，将其作为仔细审查的对象。了解不再意味着直接与世界相连，这样做永远会遭受怀疑，了解应该是建构世界的心理表征。另一位早期现代思想家詹巴蒂斯塔·维柯（Giambattista Vico）简洁地总结了这一观点：人只能认知人创造的东西。[7]

真理作为表征

大众汽车的广告语恰如其分地描述了伽利略和牛顿引发的科学革命。自然科学第一次变成了数学，依赖于心理表征，实现了诸如全真空状态、光滑表面、质点质量和完全弹性碰撞等理想功能。这相当于马丁·海德格尔（Martin Heidegger）所说的，对物质属性的投射，就是对物质的一种超越。[8]

所有的启蒙先驱共享同一个信念，认为现实不会自我显露。它在日常经验中的显现方式不会被严肃对待。例如，我们看到一条蓝色连衣裙，但是"蓝色"不在裙子里，它是一种感知上的描述。笛卡尔和洛克都坚持"第一性质"和"第二性质"之间存在显著差别，前者是事物本身的属性，后者是我们感知器官的功能。对于裙子的真实描述会阻碍第二种属性的产生，比如不说蓝色，而说这是面料反射某种波长的光，使它看起来是蓝色。我们应该将自身体验分离出来，从非主观角度对其进行批判性分析。[9]

让我们暂停片刻，稍做思考。注意，我们已经从探讨 17 世纪、18 世纪特定政府权威的不合法性，转而讨论他人权威的不合法性，再到讨论我们自身经验权威的不合法性。

我以这种顺序来讲述启蒙思想，那么最后阶段，就可以从启蒙者的政治解放计划中孕育出翘首企盼的认识论。启蒙者反对权威，这迫使他们为孤立的人类建立理论学说，将人从任何实际环境中抽象出来。在这一环境中，人可能依赖他人的证言，或因曾经学习如何处事而依赖自己的常识。现实不会向无关的旁观者揭露自己，正如我在本书第一部分所言，正是通过不得不做，我们才学会了做一件事。这不仅仅是作为主体，也可以是作为媒介。我们每天都是如此，在与他人共享的世界中找到我们自己的路径。笛卡尔和洛克对于知识的论述，以被动、孤立的观察者为出发点，失去了理解世界的实践和社交才能。如果此种生物确实存在过，我们完全可以想象，他一定被困在如何认识事物的疑团中。对他而言，"自在之物"一定是难以触及的神秘之物。

根据启蒙思想的认识论，这就是我们当前的状况。今天主流的认知心理学继承了这一观点，继续提出了假设，认为我们理解世界的基本过程是建立表征。这一过程全部发生在头骨之内，我们倒不如称为"缸中之脑"。具身认知和延展认知的新观点，将思考与行为相连，彻底挑战了原来的描述。我认为新观点受到抵触的一个原因在于，如我刚才所言，现代认识论的起源与道德政治秩序的起源密切相关。

当我们开始再度思考我们如何与事物打交道时，真正危险的是一系列被人遗忘的论战，将对人类的片面观点置入我们的自我理解，即现代自由主义人类学当中。

根据这种理解，他人在我们理解现实、独立思考的努力中完全起负面作用。在第二部分"与他人相遇"部分中，我将论证它的对立面。

THE WORLD BEYOND YOUR HEAD

第二部分
与他人相遇

06

关于"被引导"

On Being Led Out

英语中的 education（教育）一词来自拉丁词根，意思是"引导"。受教育或许就是引导人走出自我。艾丽丝·默多克曾这样描述学习外语的经历：

> 假设我正在学俄语，要用命令式结构表达尊重。学习俄语的任务很艰巨，或许永远不能完全达成目的。我要做的就是逐步揭露出独立于我之外的某物。我付出的注意力得到了现实的回报，获得了知识。我对于俄语的喜爱使我走出自己，接触陌生事物，我的意识无法占据、吞噬、否认它或使它失真。[1]

学习俄语是学习新的表达能力，可能也是学习新的思考能力。人必须学会在某种环境中的行动能力，否则就会对这种环境困惑不解。我们对于自治的痴迷掩盖了我们对这种发展的理解，因为在任何卓越的人类表现中，人所练就的技能都是通过服从积累起来的。用默多克的话说，就是服从于"权威结构"。这种结构提供了注意力生态，思想在其中变得强大，实现了真正的独立。在本章中，我希望探索在自治理想和教育之间可能存在的某种紧张关系。

这一提议可能令人难以接受，因为自治或许是现代生活的核心。它始终围绕着个人主义、创造力和其他任何表达存在英雄主义的术语，我们每天都被寄予厚望，渴望实现这样的英雄主义。现代人把尊严都寄托在这一观点上。

因屈服而强大

想想另一个例子：成为音乐家的过程。通过学习一件特定的乐器，使手指屈服于琴格或琴键的规则。音乐家展现表现力，前提就是要服从。服从于什么呢？也许是服从于老师，但这不是最主要的，因为也有自学成才的音乐家。她要服从的是乐器本身，这反过来符合音乐经由数学方式表达的某种天然属性。比如，以某种压力长拉弓弦可以将音阶升高八度。这些事实不由人的意志产生，也不随人的意志而改变。音乐家的学习过程能帮助我们理解人类能动性的基本特征，这一基本特征只有在具体范围内才会产生。学俄语的例子表明，这些范围不一定是物理的，重点是它们存在于自我之外。

音乐家的服从还有其他几个层次：弹奏前必须有曲子。或者她可能即兴表演，但仍然在既定的旋律形式之内。这些都不是自然的既定事实，而是文化上的，或是混合利底亚调式的，或是晚间拉格式的。从更广义的音乐性来说，她弹奏的是某一种音乐流派，可能是硬博普乐或西岸酷派、印度音乐或卡纳塔克邦音乐，或者是几种风格的自由组合，但不可能无中生有。回溯历史就会发现，文化形态是过去人们行使自身意志的产物，过去必须有人发明了混合利底亚调式。但从当前任何个人的角度来看，文化形态只是既定的可能性的范围。这是我们在第三部分中要讲到的"传承"。的确，不同情况下的文化形态对大多数我们这些平凡人而言都是必要的。

我曾经去听蓝草音乐（bluegrass）吉他手托尼·赖斯（Tony Rice）的音乐会，当时觉得他无所不能。他能如此行云流水般地掌控自己的乐器。但是，如果想要借助一个词语来表达在未受教育的情况下行使意志，"自由"可能不是最佳的表达。如果可以称之为自由的话，他的自由是具有艺术感染力的，因为它是为音乐理念服务的。这些理念是他自己的，但也不仅仅是他自己的。他的表现力是从艺术构造中诞生的。

蓝草、爵士或古典印度音乐家之间的即兴合作演奏，就很好地证明了我所说的注意力生态。这种即兴创作得以实现是因为各种音乐在形式上互相融合、互相适应。它们的历史已经成了遗传物质，构成了其自身的创造性。一位演奏水平高超的爵士音乐家说起《爵士真经》（*The Real Book*）里的话，就如同老到的传教士传福音一样自如，这本书里的话就成了典故。其他演奏者可能会拿起它，评论它。它可能会爆发出新的可能性，因为又有人在它的基础上进行了即兴的创作。随机应变，伺机而动，新形式就在这样的生态环境中产生了。

请注意，在我刚才对于创造力的描述中，暂不考虑"同一性"与"个性"的对立。更重要的是，在一个生态群落中，成员的资格是产生创造力的先决条件。学习俄语意味着成为说俄语者群体的一部分，没有他们就不存在所谓的"俄语"。蓝草音乐也是如此，这些群体与美学传统一起提供了文化夹具，指导我们的行动。

我认为这是显而易见的。但以这种方式强调群体，意味着站在了美国人信条的主流，即个人主义的对立面。如亚历西斯·德·托克维尔

（Alexis de Tocqueville）所说，我们不需要读笛卡尔，就会成为笛卡尔的信徒。笛卡尔的探究，一开始就撇开了所有从"例子或习惯"中获得知识，以改革我们的思想，建立完全属于自己的基础。[2]笛卡尔认为，将思想从任何群体的权威中解放出来才能变得理性。康德持相同意见，启蒙就是人类脱离自己加之于自己的不成熟状态。不成熟的原因不在于缺乏理解，而在于不经他人引导就缺乏决心与勇气去运用自己的理解。此外，懒惰与怯懦导致大部分人仍然身处不成熟状态之中。[3]

这说明，认知个人主义是道德理想，至少是类似于指导我们如何获得知识的学说。它与贯穿美国文化的"真实性"理想密切相关。爱默生在《论自立》（*Self-Reliance*）[4]中写道，社会阴谋丛生，阻止每一个社会成员走向成年。沃尔特·惠特曼（Walt Whitman）写过，他眼中的英雄人物会随意跨过和走出那种不适合他的习惯、先例或权威。他还写道，你将不会再从第二手、第三手资料中接受事物，也不会借死人的眼睛观察，或从书本中的幽灵那里汲取营养。为了过真实的生活，诺曼·梅勒（Norman Mailer）在一个世纪后写道，一个人必须脱离社会，生活在无根状态之中，踏上满足自我反叛需要的未知旅途。[5]

威尔弗雷德·麦克莱（Wilfred McClay）在他的作品《无主论》（*The Masterless*）一书中写道，在经历极权主义之后，20 世纪 50 年代，美国的知识分子高度警惕任何对个人主义的威胁，并认为在国内存在大量此类威胁。不止梅勒一人认为，在国家的手中瞬间死去，或通过服从一致慢慢死去，二者之间并无区别。麦克莱写道，毁灭极权主义和实现不受阻碍的自我，这两个幻想是联结在一起的，共同证明了应继续依靠含糊不清的个人自治概念和一个更不牢靠的理念，来实现真正的社会连通性。[6]

麦克莱所说的含糊不清的个人自治概念指的是，将自治简单地视为他治的对立面。从杰克逊时期到垮掉的一代，对美国人而言，令人不快的他治总是来自他人。自治与他治存在显著差异，文化若建构在这一基础上，就很难清楚地认识注意力，即我们与世界相连的能力，因为所有头脑之外的事物都被视为束缚的潜在来源，对自己构成威胁。这就使得教育变得十分棘手。

玻璃制作：共同注意力在起作用

我曾看过三个玻璃制作工人一起工作。彼得·霍克（Peter Houk）是麻省理工学院玻璃实验室的主管，也是全美顶尖的玻璃吹制工之一。埃里克·德曼（Erik Demain）是麻省理工学院计算机科学的教授；他的父亲马丁·德曼（Martin Demain）是麻省理工学院的驻校艺术家，他与他的儿子合著了 100 篇科学论文。他们三人每周聚在一起几次，制作玻璃。一开始他们似乎是在好奇心的驱使下开始的，然后逐渐有了明确的目的性，也更耗费时间，以至于占据了他们学术研究的时间。现在，他们已经进入了另一种状态，为玻璃制作本身而合作。如此一来，他们自觉地参与到这项古老的艺术中来。玻璃制作历史悠久，可以追溯到埃及法老时期。

我看过他们设计并制作的一根手杖，像拐杖或理发店的条纹柱，长约 5 米，从熔制不同颜色的玻璃液开始。他们首先在计算机上设计了它的截面。凭借丰富的经验，他们能够预见扭曲、拉伸过程中截面的转变。同样地，他们也能反过来从手杖的预想效果倒推何种截面能够经过扭曲、拉伸形成这样的效果，这就是数学家所说的螺旋变换（screw transform）。他们设计了一个计算机程序，以更好地展现这一过程，也能帮助初学者在设计过程中看清楚完整的效果。

在这里，首先映入你眼帘的就是玻璃液纯净的美丽。温度和化学过程的不同决定了颜色的差异。玻璃液滴周围的空气好像也变得清澈透明，带着热浪微微发亮，逐渐散开。

彼得、埃里克和马丁一起从玻璃熔炉中取出不同尺寸和形状的玻璃液滴。玻璃液滴因为热质量不同，内部呈现不可思议的热梯度。他们频繁地将其放入熔炉炉口中，以维持玻璃液滴的流动性和熔融状态。在这个过程中，最重要的就是时机。有时，他们会将一端浸入水中，冷却一部分表面，或者用丙烷对表面进行加热。彼得·霍克在邮件中曾写道，在复杂的工艺制作中，一定要密切注意进展，团队要适时改变方向，而且通常要十分迅速。沟通十分重要，有时候行动的速度甚至需要比口头交流更快。

玻璃制作的过程十分紧凑，但是三人不慌不忙。他们步调一致地在工作坊里移动，出奇地冷静，这的确令人吃惊。霍克认为这种合作模式是他最希望教给麻省理工学院学生的东西。麻省理工学院的学生总想要将过程缩减为一组公式，描述热传递、黏性等。但是玻璃液在塑形过程中的下垂、旋转、凝固必须从杆子的一端去感知。霍克说，你不能真正看到在你操作计划之下的热传递，只有通过真正操作，玻璃才能展现它目前的状态以及可能的变化轨迹。

对于复杂的玻璃制品，完成这些操作不止需要一双手，每双手都要就自己负责的部分根据目前状态进行调整，也需要关注在合作者手中正在成形的部分。

　　总的来说，霍克是这个团队的"队长"：他是团队的领导，总览全局，负责与助手进行沟通。他自己和他手头上的作品就是注意力的中心。在这一位置上，他就像在指挥群舞，必须具有高度适应性，像玻璃一样能够流动或熔化。他对我说：

　　　　不同的领导者有不同的风格，在开始制作前和在制作过程中与团队的口头交流有多有少。一些领导者，比如著名的威尼斯玻璃吹制工利诺·塔亚彼耶得拉（Lino Tagliapietra），工作全程几乎保持沉默。即便是在一开始的时候，可能只会简单介绍如何开始着手，其余时间几乎不会说话。我看过他工作很多次，他的制作过程令我想起了迈尔斯·戴维斯（Miles Davis）和他的乐队：不会提供过多的信息，然而以高度结构化的系统进行即兴演奏。利诺的助手必须能够通过非语言线索以及观察玻璃情况解读目前进展如何。这就是为何他的团队 15 年都未改变。威尼斯传统中，大师和他的第一、第二助手在整个职业生涯都相处在一起，这是非常典型的。看着这样一个团队一起工作真是一种莫大的荣幸。

　　　　对玻璃进行即兴创作并非易事。如果没有预先的图稿，可能完全会被搞砸。玻璃液不是一种容忍度较高的材料，界限非常微妙。有些时候情况不妙，玻璃出现了突发状况，不同的领导者和团队如何应对是一件非常有意思的事情。有的会继续，有的会砸了并把碎片丢弃。利诺曾对我说，判断一个人是不是个好的玻

璃吹制工，不是取决于他能创作出什么，而是取决于他能解决
什么。

玻璃吹制工经过一系列操作后最终完成了作品，但这些操作并不能
在事先就进行详细具体的说明。然而，最终的成品就是团队协作策略的
记录，每一件都对应不同的操作过程。亲眼看过玻璃制作之后，我只能
将霍克和德曼父子最终完成的手杖看作一种生态样本，它代表了被封存
的共同注意力。

这种观点会产生什么影响呢？我的生态隐喻（ecological metaphor）
会产生什么后果？我认为这可以让我们更加了解我们的能力从何而来，
帮助扫除对教育的误解。这种误解深深植根于西方国家，当前处在特殊
危险之中。

科学发现作为个人知识

迈克尔·波兰尼说过：

一种工艺，若不能予以详细说明，就不能通过指令传递，因
为它的存在本身没有指令。唯一的途径就是通过师父向学徒实践
展示。这就限制了这项工艺的传播范围，由此我们发现技艺倾向
于成为局限性极强的地方传统。[7]

这里，波兰尼谈的是工艺知识，但是他说到了更广义的认识论观点。

波兰尼是 20 世纪中叶最杰出的物理化学家之一，他后半生致力于研究哲学，以求理解自己科学发现的经历。他详细阐述了"隐性知识"，批判了当时盛行的关于科学发展的认识，以及更广义上关于理性本质的认识。逻辑经验论者认为理性类似于规则，但波兰尼是一个科学家，他依靠的是大量难以明确表述的知识，以及这种知识的固有特征。他认为理性是"个人的"。他解释说：

> 现代科学宣称要建立完全超然、客观的知识，达不到这种理想只能被视为暂时的瑕疵，必须要消除。但是假设这种默认的想法是所有知识不可或缺的一部分，就会在实际上摧毁所有的知识。精确的科学思维从根本上变成了误导，并且可能成为具有摧毁性质的谬论。[8]

理解波兰尼所说的"具有摧毁性质的谬论"是何意思，可以从他的生平入手。波兰尼是匈牙利人，反对苏联的科学研究规划。为服务于社会公用事业，苏联试图将科学研究纳入"五年计划"，这促使波兰尼发表了一系列文章，阐述了这种规划在科研上的局限性。

波兰尼认为，科学探究首先是实践，最好就是将其理解为工艺。他说："我将认知视为对已知事物的积极理解，这一行动需要技能。"他将科学类比为工艺，我认为两者具有更高的相似性。当然，这两种表达说的是同一种理解世界的方式：与现实事物打交道。

第二次世界大战后，他写道：

虽然好几百所新兴大学都在教授学生科学的内容，无法言明的科研方法却没有渗透到这些领域。欧洲地区一些 400 年前匮乏时期的科研方法，在今天（1958 年）仍然比国外某些资金充沛的科学研究更加卓有成效。如果年轻科学家没有获得在欧洲担当助手的机会，如果没有欧洲科学家移民，海外的科研中心很难有今天的进步和发展。[9]

学徒制作为通识教育

波兰尼的上述说法不是"欧洲中心论"，他想说的是发展科学首先要有科学家。科学家是逐步培养成的，他们不应受到任何利益或公共目的影响。

自从波兰尼所写的那个时代开始，美国开始建立了自己的传统。在自然科学的研究生院，第一年学期结束时要进入实验室，然后在之后的 7 年多时间里，大部分时间都将在实验室内度过。长期投入于某一领域的实践和探究，你将成为这一学科的内行。你会使用该领域的行话，虽然难以明说，但共享着某一种感觉，知道什么样的问题值得研究，应该重视什么。在做学徒期间，你会犯新手会犯的典型错误，在老师或者更年长的研究生面前出丑。然而，当你感到技能精进时，会惊喜地发现，你正在成为专家。通过这些体验，理论思考和方法工具相结合，产生参与感。这不仅仅是接受了一组规则，而是对规则的判断已经成了你自己的一部分。通过这一过程，你获取了某种独立。[10]

这种科研学徒文化并没有在波斯湾石油国家发展起来。即便资金雄厚，公共用途紧迫，但这些国家可能会复制 20 世纪中叶的美国模式，依靠移民科学家起引导作用，就如当时的曼哈顿一样。我们的科学家可以利用相同的物理常数手册、相同的教科书和研究杂志，充足的研究资金，但还未开始以个人知识模式进行科学探究，并非由社会孵化成形，而是初始于模仿。"曼哈顿计划"中设定的导师制，产生了重要而持久的影响，美国本土大学此后也加以效仿。我的父亲就是受益人之一。结束了欧洲战场的战斗以后，依据《军人退伍法》（*GI Bill*），他得以进入专科学校学习，之后又去了加州大学伯克利分校，后来加入了路易斯·阿尔瓦雷茨（Louis Alvarez）的实验室，成了博士生导师。那是气泡室出现的年代，粒子物理学开始萌芽。我父亲过去常常给我讲一些故事，有些是一手的，有些是实验室里时常听到的传说，都是关于那个时期在物理学界独领风骚的科学家们。

　　科研学徒文化早期在欧洲发展，后来传到美国，这一过程没有依据任何现代科学的自我理解。波兰尼写道，仿效学习就是服从权威的一种表现。你跟随导师，因为你相信导师的做事方法，即便无法详细分析和说明这种方法的有效性。[11] 如果你像笛卡尔一样，认为理性就是拒绝榜样或习惯，改革自身想法并将一切建立在完全属于自己的基础之上，那就完全无法忍受上述做法。笛卡尔观点的悖论在于，它的出发点是彻底自我封闭的，认为人应该不带任何个人色彩去理解事物，以保证获取客观知识，即不受认识者本人污染的知识。波兰尼将整个程序颠倒过来：在实验室的社会情境下，服从于权威，人能够发展某种技能。在这一过程中形成了一种探究形式，其中个人参与是不可或缺的。

　　让我们细想波兰尼所信任的角色："你跟随导师，因为你信任导师的做事方式。"这表明师生之间存在道德关系，这是教育过程的核心。学生当然相信导师是充分有能力的，但也必须相信导师没有任何操纵意图。前文提到的启蒙认识论的起源中正是缺少了这种信任：彻底拒绝他人证言和示范。这种拒绝源于一种理想状态：从国王和神父的操纵中解放出来，然后发展成认识自我责任的状态。但是原本的怀疑伦理始终留有一丝痕迹。这种怀疑的立场发展为一种荣耀，或认识上的男子气概。权威通过主张知识维护自己，服从于它意味着须承受受骗的风险，这不仅侵犯了自由，也践踏了自尊心。

如果波兰尼所说的科学家的发展过程是正确的，那么实际上科学实践的发展就抛开了它的基本启蒙信条：需要信任。如果认为有一种科学发现的方法，可以单纯地通过指示而非个人示范就能传递，这种想法与我们的政治心态一致，显然会更有吸引力。"方法"一词隐藏着人的自负，认为仅需要按照某种程序，就会有科学发现。不需要长期专注于某一领域的实践和探究，不需要熟习它独特的审美享受，也不需要情感与判断相结合，只要遵循规则就好。方法这一概念承诺使探究能在某一种自我（康德的"理性存在"之一）当中普及，即不要求任何经历作为先决条件：不处于情境中的自我。

波兰尼发现，这种对科学实践的错误理解，常与根据社会目的指导研究结合在一起，后者可以苏联的"五年计划"为例。

目前美国大学正朝着工商企业方向转变，这会对我们的科学和人文传统产生怎样的影响呢？大规模在线开放课程取代了面对面的教学，效率得到大幅提高。我经常观看 YouTube 上的教学视频，学习计算机辅助设计，以及如何建立电子燃油喷射系统等，都能够指导小范围的技术问题。然而在艺术和科学领域，老师终其职业生涯都在解决某个学科内的问题，而在线开放课程将该学科中能够表达的内容从师生互动中分离出来。那么，制度的发展，与我们所假设的完全"清楚"的理想化状态，即精确的形式化，二者之间就存在某种调和，这可能实现，而且正合心意。如果实现，就使某领域的知识能够以客观方式传递。但请注意波兰尼的警告：排除知识中所有非人为的因素，实际上是在摧毁所有的知识。

波兰尼论证了在专门技术中无法明说，需要心领神会的隐性知识所起的作用。他将个人努力看作知识探索的核心，将其理解为技艺。他表明了科研能力是通过师徒关系反馈给权威导师的。"因此，被一代人淘汰的技艺就会完全消失。"他继续说道：

> 这样的例子成百上千，随着机械化不断普及，问题愈发严重。这些损失往往不可弥补，看着这种持续的发展却令人深感悲悯。我们有了显微镜学和化学，有了数学和电子学，再回想原始的小提琴只能进行单一演奏，这仿佛是 200 多年前发生的事了。[12]

不是只有极权政体才会引发文化变革。我们称自己是进行"创造性破坏的资本主义"，将大笔风险投资用于"破坏性技术"，尤其是那些实现人机互动的机械化技术。不用说，结果是喜忧参半。但在大学，知识学徒制传统确实不会理所当然地存续下去。如果权威导师还不能意识到教育是一项传统，继续认为可以无损地向单独个体传达知识，那么将难以武装自己，对抗工商管理硕士出身的强权者。在这一概念下，人们没有理由会对知识中央存储器的想法感到惊诧，借助这一存储器人们都与大型在线智能生活联系在一起。

我并无意为目前大学本科教育的形式辩护，并且我已经表达了我对其在社会别处的作用抱有偏见。[13] 但是学习政治史能够知晓，权力是通过消除权威的中间结构予以巩固的，往往是打着从这些权威中解放出来的旗号。托克维尔在他的《旧制度和大革命》(*The Ancien Régime and the Revolution*) 一书中，叙述了法国大革命之前的这一过程。他阐明了"绝对权力"并不是一个古老的概念，18 世纪创造出该词是因为君主对社会的"独立命令"衰落了，出现了专业行会和大学等自治团体。革命者从君主政体那里继承了集权化，为自由提供担保，反对一切中间形式的社会权威。实现完全自由的理想需要建立集权，现在是以人民的名义建立集权。今天，正是谷歌引领的破坏者先驱使我们不再狭隘。如果波兰尼所认为的科学家和思想家的培养方式是正确的，那么从认知和政治两个角度来说，都不该削弱地方权威和老师的力量，也不该磨灭蕴含"个人知识"的传统。

对他人权威不妥协，这一点似乎是启蒙运动留下的传统。在硅谷与高校的蜜月期，前景一片光明，振奋人心。杰伦·拉尼尔 (Jaron Lanier) 在一篇文章中写道，人类的气息可能会完全移除。如果既没有气息，又无法触摸，真正起作用的权威必定是理性本身！对于高校而言，除了商业吸引力之外，机械化的指令之所以吸引人还因为它符合我们自己承担认知责任的理想。

我们很快会发现，这种自我负责的渴望与一些人类的基本事实相悖，尤其是错误地认识了他人在塑造我们认识世界的方式时所起的作用。

07

和他人一起
与事物相遇

Encountering Things
with Other People

　　我们已经探讨过具身化在认知过程中的基本作用。面对日常生活中出现的事物，我们并非毫不相关的旁观者，这些事物在某种程度上与我们"有关"。于是，当我们在某个领域技能熟练时，就会看到和感觉到以前不曾看到和感觉到的事物。世界获取了新的可供性，在我们开始栖居的新生态位中给予引导。新生态位是新的行动空间。在本书的第一部分中，最基本的观点是，我们的认知能力属于那些自小就在世界中行动的人，而非纯粹的观察者。

　　在第二部分内容中，我们关注另一个与情境性有关的基本事实：我们行动的世界也是他人居住的世界。婴儿时期，我们发现自己被置于世界的洪流中。早在我们出生之前，世界中就已经充满了事物。他人不仅仅是我们感知的对象，也在我们的意识中建立影响，影响我们如何感知和利用一切外物。要理解这一观点，可以重新审视"可供性"这一概念，将其从物理环境延伸到文化环境中去。

从可供性到器具

　　试想有两根长约 20 厘米的细长棍子。若我在一家亚洲餐馆的餐桌上看到它们，会用它们夹起面条，送入口中。若是在儿童打击乐课上，这两根棍子看起来就像是打鼓用的轻量棍。在其他不同情境下，借用海德格尔的概念来说，这两根棍子就是不同的"全套器具"的一部分。一件器具总会牵涉另一件器具，继而是一连串的社会实践，或多或少都需要协调配合。只有在这些社会实践中，单个物体才会显得有用。[1]因此，筷子是用餐习惯的一部分，这种用餐习惯还包括以碗代替盘子，用黏稠的米饭取代粒粒分明的豆子。[2]若要用筷子夹起餐盘里的豆子，或者在一家高级西餐厅用筷子吃上等牛排，用餐者一定会忍不住说："这些餐具毫无用处。"

筷子和刀叉分属两套不同的器具。它们的有效性不仅仅在于实现行动者和独立的单一物体之间的匹配，这种匹配也不仅仅由行动者自身目的所决定。而是在使用筷子或刀叉等器具的过程中，我们使自己处于规范中。这个规范可以理解为人做事的某种方式。这些规范多半是难以言明的，我们在社会实践和使用器具时会遵守。这是他人决定了世界如何呈现于我们面前的一种方式，即便我们并未与他人进行互动。

花一点时间环顾你所处的任意一间房间。我在图书馆里，图书馆的墙呈现些许米黄色。如果有人问我墙是什么颜色，我会不假思索地回答米黄色。如果再仔细观察并加以分析，我会注意到在某一时间特定的光照下，例如4月阳光明媚的时候，或者8月雾蒙蒙的天气时，墙的不同部分呈现的是不同程度的米黄色，有的深些，有的浅些，有的映着窗户的眩光，有的被头顶的日光灯照亮，有的更接近暖色调的台灯，还有的处在阴影当中。

但这不是为了澄清我原本对墙颜色的认知是统一的米黄色，因为新的认知会取而代之。经验主义最喜欢谈这种新认知。莫里斯·梅洛＋庞蒂（Maurice Merleau-Ponty）曾写道，经验主义者不关心我们看到什么，只关心我们应该看到什么。[3] 但在分析我的视觉体验之前，我看到的仅仅是一面米黄色的墙。这表示，无论最初决定认知的是什么，都不仅仅是经验主义者所理解的刺激。

　　首先，我从以往的体验进入了当前的体验。[4] 从过去的经验中，我知道在不同光源的照射下，物体的外在会发生变化，其中之一就是季节和日常光照的变化会产生某些特定的变化方式；另外，云的分散和聚合也会在一定程度上影响物体的外在变化。婴儿未曾学习过这些，人们怀疑他感知到的不只是一面简简单单的米黄色墙，而是具有更加丰富的内容。但是作为一个经验丰富的感知者，我用吉布森的公式，从刺激流中提取不变量，我感知到的是不变量，除非我努力不这么做。而艺术家则必须这么做，在画布上用不同的颜色表现同一面墙。

　　再者，我对于世界的经验中包含着他人的经验，因为我所居住的世界是共享的，这是基本特征。思考"色彩恒常性"问题时若考虑到这一点，经验主义认知观点的局限性就一目了然。我并非婴儿，也非白纸一张。作为适应社会文化的成员之一，我碰巧知道画家是如何绘制一面墙的。他们不会处处用不同的颜色悉心勾勒出几何形状。他们会拿着20升的颜料桶大肆涂抹。当我坐在一间米黄色的房间里，处理自己的事情时，我不会刻意去想这些。但是我有这些社会知识的储备，而且这似乎决定了我对墙的即时感知是它并非统一的米黄色。之所以说这种感知是"即时"的，是因为它并不建立在解释的过程之上，也并非随着基本感知而来。[5]

　　墙体颜色的统一性是社会事实，我在日常生活中感知到的似乎都是社会事实而非肉眼事实。肉眼事实不会受到挑战，但在理解人类感知中的作用十分有限。尽管在现象学上有重要意义，但当我们以特定方式进行感知时，肉眼事实只有在特殊情况下才起决定作用。我必须暂时放弃我的日常感知方式，才会感知到墙体的颜色有变化。

艺术家就是如此。他必须将自己的日常感知陌生化，日常感知建立在过往经验上，也受制于过往经验，包括居住在完全模式化的世界中的经验。她必须像婴儿一样去学习感知，或者以经验主义者所认为的我们所有人的感知方式去感知，这是一项细致而非凡的成就。优秀的艺术中没有一点初期的稚嫩，它确实向我们展示了一种通过意识感知到的世界，这种意识来源于艺术家。

那么，对抗经验主义的关键点在于，我们是社会存在，有自己的人生经历，而非数码相机或录音机。我坐在图书馆里写书的时候，听见后方高处传来一阵响声。尽管我能听见，但它对于日常生活而言是陌生的，我难以用纯自然的语言来描述它，比如说出到达我耳中的压缩波的频数分布。如果问我听到了什么，我会说通风系统。我生活的社会中，大厦里会有这样的系统，因而我会产生预先反应，产生对这一声音的即时认知。在经验上，感官数据先于空调系统而存在，而我不需要再对感官数据进行解读。在另一种情境下，我会把这种声音当作树林间的风声，但现在，它出现在一系列社会实践和规范的背景下，我所在的这间图书馆的设计和日常运作都受此支配。这些习以为常的社会知识进入了我的感知，因而我听见的是空调系统的声音。

以这种方式命名我的体验是最符合实际现象的。而且，我可以用自然语言描述这种声音，但是这样就必须依靠一系列的理论假设。假设有一个人，天真幼稚，未受文化熏陶，是完全独立的个体，听到了这一声音。这种虚构的人物我们都很熟悉，就是根据认知主义的传统设想的人类，从贯穿整个18世纪的笛卡尔的著作《第一哲学沉思集》（*Meditations*）一直到当代的认知科学。

我们生活的世界已经由我们的前辈命名，在我们到来之前就已经被赋予了意义。我们发现自己被"扔"到世界的洪流中，大部分时候我们都从他人手中认识到现存事物的意义。一开始我们是如何获取这些意义的呢？这些问题引人深思，思考下面发展心理学中极具吸引力的几个问题。

共同注意力

婴儿刚出生几周时，他和他的照料者相互之间都在密切关注对方，盯着对方的眼睛，朝对方微笑，模仿对方的手势。[6]约6个月大时，婴儿的注意力开始延伸到二人关系之外，跟随照料者的目光，与他注意到相同的目标。如果婴儿一开始跟随照料者的目光并未发现什么值得他关注的目标，很快，他就会开始自己寻找目标。

婴儿大约12个月大时，共同注意力的能力开始发展，引起进一步的改变。在这一阶段，婴儿有能力和意愿进入新的情境，照料者和婴儿共同关注第三方目标，双方都理解注意力是共同分享的。克里斯多夫·莫尔（Christopher Mole）这样说过。[7]这一阶段也是孩子意识萌发的时期，开始认识到照料者的话语不仅仅是声音而已，而是指代世界上不同的事物。因此共同注意力与沟通能力密切相关，沟通能力不仅需要意识到他人思想的存在，也需要意识到共同存在的领域：我们共享的世界。

　　大约在同一阶段，12 个月左右大时，婴儿的指示动作开始带有目的性。[8]这种目的性分为两种：一种是命令式的，婴儿要求得到某一物品；另一种是声明式的，要求照料者与自己一同关注某一目标。后者所需要的即是"关注我所关注的"。

　　这就是社交反应的发展过程，筑就了我们的沟通技能。这项能力似乎是人类特有的，黑猩猩等物种不会有声明式的指示动作。[9]简·希尔（Jane Heal）写道，从这一概念上来说，话语是极其精巧而有效的指示方式。指示动作本身就是一种复杂的集中目光的方式，反过来整个事件的基础就是与他人一起共同生存的感觉。[10]

　　希尔指出，正是在一些实践活动的合作中，比如一起搭积木，才能聚集共同注意力，促成沟通。例如："喔，快看，蓝色的那块倒了！"

　　我们居住在一个共享的世界中，一起做事，这对于我们是何种存在至关重要。阿克塞尔·赛曼（Axel Seemann）曾写道，近期人们对共同注意力的兴趣飙升，证实了从唯我论的思想概念转向了认为这是社会固有的一种精神现象。[11]

　　这些发展心理学的见解，将缓解从笛卡尔时代开始困扰人们的精神哲学问题。从发展的角度来看，一个逐渐弱化的问题就是常识是如何形成的，或者说常识何以能成为常识。因为开展合作必须要有常识。解开这个谜团的一个有效方法，就是认为你我都看着同一棵树。我们知道这是共同注意力的对象，但是如何验证呢？方法如下：我看到这棵树，我相信你也看到了这棵树，我相信你相信我看到了这棵树，而且我相信你和我的想法是一样的。

我们无忧无虑地继续生活，在我们共享的世界中就这棵树进行交流。可能我们各执锯子的一端，想将树锯开。在这之前，我们并没有事先讲好需要怎么操作，我们之间也没有心灵感应，但是我们可以一起操作。[12] 问题出在哪里？这与发展心理学中的一项重大发现相吻合：孩子直到 4 岁时才能理解他人的想法。然而，当孩子在很小的时候就已经能够做出声明式的指示，表明他对世界有共同意识。[13]

首先，正是在社会互动中，我们的意识能力得以发展，这似乎保障了我们可以互相了解对方的思想，并且规定了我们理解世界的共同方式。

这虽是理论假设，但会产生现实后果。经验主义和其他认知主义错误地描述了我们的经验，这会带来不好的结果。例如，假定目击者的证言绝对可靠，这种想法根深蒂固。但是近几十年来，心理学已对这种证词的局限性了如指掌。[14] 但法律制度尚未意识到这种局限性，因为这与法庭文化相冲突，法庭文化向来坚信公平正义，因此信奉的证据规则是建立在过分简单的认知观上的。鉴于这些证言的使用，在文化上认为错误的认知是有罪的。

现象学家阿尔弗雷德·舒茨指出，我们的感官记忆，比如目击证人的感官记忆，消失得很快，但也会随着社会规范而优化，由此变得更加生动，即便是错误的。它变成了人们会顽固坚持的东西。在这一过程中，语言起到了决定性作用：通过语言，我们表达了自己的经历。我们使用生长环境中的语言，使用目前流行的词汇。如此一来，我们"将经历进行典型图解"，这种典型化使我们原本私人的感官体验更加理想化和社会化。

　　这可能有助于解释，我们在与语言中传达的社会偏见是如何影响目击者的证词的。思考一下另一个鲜有人知的事实，与社工和其他治疗专家进行交谈，其中所传递的规范和期许可能会给人们植入错误的记忆。最揪心的就是虐童的案例。通过语言的社会典型化，我们的记忆逐渐倾向于权威或其他大规模民主观念所鼓励的方向。

何为个性

　　据此，我们该如何理解个性？个性既是事实，因为我们都不同于彼此，而它又是我们期待的理想。考虑到其他人在我们意识中起作用的所有方式，似乎难以将"一致性"解释为某种道德失败。

　　这个问题很深刻。我已经论证过内部、私人的心理体验并非从一开始就有，也并非确定无疑地赋予我们。世界上的事物以其既定的意义背景出现在我们面前，我们早在婴儿时期就已经加入了这种环境中，感知到墙体颜色的一致性或者空调系统的声音。工具往往不是为孤立的个体在世界中行动时所用，它们的物理可供性指向的是一整套相关设备，同时也指向社会规范和惯例，比如一双筷子。通过我们用以描述它们的语言使用习惯，我们最初的感官记忆向社会规范倾斜了。深层的一点是，我们的个人经历是建立在先前发现的共享世界之上的，没有它，一切就无法理解。这是我们最初遇见的世界，在我们婴儿时期就与照料者锁定了共同注意力。

　　于是，我们的经验不仅仅是我们自己的。这可能有些令人惊恐。一种反应可能是更加确信认知主义，效仿笛卡尔，通过排除他人证言，努力实现思想自由。但就我们已经探究过的所有原因来说，这并不现实。[15] 我希望以不同的方式描绘我们的精神生活，公平对待我们作为社会存在的自然属性，帮助阐明个性化得以真正实现的基础。这并非是唯我论的观点，而是从社会的角度，在实践中与他人展开合作。我们需要实现个性，因为在努力的过程中，他人是必不可少的。

08

实现个性

Achieving Individuality

有一种现代人，他们将爱好变成"身体的一部分"。他们的话语间可能混杂着流行用语。如果通过某种装置，使你必须听她谈论自己，你会发现你所起的作用比想象中大得多。

她试图让你认可她很高尚。很显然，她花了大量精力逐步建立这一观点。这种对话关系十分微妙，很难处理。你只想亲切地附和几句，但她指责你没把她当回事，没有认真参与。这使她生气。另一方面，她坚持她是实话实说。通过内省，她发现了自身的动机和性格特征，恰恰因为这是通过内省发现的，因而无法与他人讨论。然而，她需要确认这一事实，所以这个确认的动作，由你完成。

德国哲学家黑格尔清楚地意识到这种由内而外的动机，以及它在塑造自我欺骗的安全领域时所起的作用。他比布鲁斯·斯普林斯汀（Bruce Springsteen）抢先一步，据说布鲁斯曾说过，自知之明这个东西很有趣，你实际拥有得越少就会以为拥有得越多。

黑格尔认为，一个人通过自己的行为了解自己。行为本身是社会的，其意义取决于他人接收到了多少你的行为。自知之明存在的问题大部分在于，我们如何才能通过我们的行为使自己被他人理解，并且从他人那里获得关于自己的反馈。

黑格尔认为，在世界上的自我之前或在更深层面上，不存在什么自我是已知的。这意味着，我们只有与他人打交道，在这一过程中才能实现个性。

毫无疑问，自我是由行动组成的。如果你发现自己所扮演的角色是由社会情境规定的，要求你做出一些你并不认同的行动，那你该怎样？假设你参加一个孩子的生日聚会，当他粗暴地撕开礼物时，你会轻声说"真棒！"和其他的爸爸妈妈一起赞叹。你要如何确认哪些行为真正是你自己的行为？当然我们可能会说真正的自我就是显露出来的自我，可能在一开始就已经通过某种特定的行为显现出来，这种行为不会被其他人疏远。

有人会说，这里的核心要素是真诚，某一行为是否是真实的自我表达完全取决于行动者的心理状态。在罗伯特·皮平（Robert Pippin）所写的一本关于黑格尔的书中有这样一个例子。在一间拥挤的电影院里，有人因为一句"着火了"被踩踏致死。事后，喊"着火了"的那个人真心觉得这只是恶作剧，人们不该生气。他后来说他只是开玩笑而已，认为自己被误解了。但其实这不仅是自私自利，更是自欺欺人。人必须知道世界是如何运作的，知道在社会中特定的语言和行动规范，并借此规范自己的行为。行动者自己不能单方面宣称"我做了什么"，然后鼓吹他所认为的这一行为对他人的意义。

皮平清晰地阐明了黑格尔的观点，他说，除非你的行为和意图等同于他人所认为的你的行为和意图，否则你就没能成功地表达你的意图。[1]可以试想一个反例，成功的骗术。但这种观点很好地纠正了对真实的崇拜，可能事实上是：你为自己辩护的规范来源于你自己。简而言之，这一想法似乎是现代后期对于自治的理解。[2]

　　黑格尔说，我们需要他人来检视我们的自我认识。把我们的行为公之于世，其他人接受它的方式帮助我们对自己进行真实评价。这令我联想到了经济学。在经济学领域，我们说到物品的价值，指的是因得到公认而得以确定的价值。这就是某物具有某一价值的含义。我想要谈一谈经济学和黑格尔对真实的批判，二者之间存在着密切关系。黑格尔的自我认知逻辑可以运用于某种经济交换：完成工作，得到报酬。如果我们是通过行为了解自己，然后因行为得到报酬，而你能够支持认可并且声称是你自己的行为，这似乎就是黑格尔所认为的发现自身价值的方式。我们有充分理由对这一方式持保留态度，再多加思考。但我认为这里我们需要探究一些心理事实。我希望探究，要求并得到工作报酬这些简单的行为，是否能够帮助我们认识自我。有时候，某种遭遇不仅仅揭示了个性，也塑造了个性。

为了辩护而对抗

　　假设我是一名摩托车修理工。我将工时清单递给顾客，要求支付我所完成的工作价值。这是一种最直接的方式。我必须硬着头皮这么做，感觉像是在正面交锋。贴出一张人工费率单，服务票据上附上以十分位计的工时，目的是要造成这是计算所得的印象，要求在有既定规则的制度下得到认可。但在我和我的顾客看来，这个借口不堪一击。尤其当这家店只由我一人掌管时，很难假装有某种制度。事实上，我拿出的这张账单绝不是单纯地描述了工时。它总是让我反思，让我试图与他人换位思考，并猜想如何收费会令顾客觉得正当合理。

　　在评估这项工作时缺乏直观性，是因为这项工作是受偶然和不幸的影响，以及诊断故障时候的模糊性。与医学类似，这就是亚里士多德所说的"随机"的艺术。尤其是当修理旧自行车时，解决一个问题，可能会带来另一个问题。我怎么能要求顾客为我造成的问题付款？如何判断新问题是偶然情况下造成的，还是由于我没有先见之明？在签下票据时，我必须先回答这个问题，如此一来我才能觉得我为自己做了一点辩护。

　　顾客来取自行车时，我通常会仔细向他说明我所做的工作。我经常感到自己是在拖延递交账单的时间，因为我担心我的估价不合理，但我所有的苦恼都集中在我代表自己提出了明确的主张。不管接下来会发生什么，最终我的工作会得到确定的评估：得到一笔钱。当顾客把自行车装上皮卡，我希望他觉得这是一场公平的交易，我希望我主张自己的工作价值时是有理有据的。

　　这里，在一次微观的经济交换中，可能蕴含着伦理学的内容。递出工时清单是我的行为，我支持我的行为。我需要让顾客理解我的行为。对我而言，黑格尔的建议是正确的，在自我与外界对抗的过程中，由于责任，让彼此之间的认知更加清晰。

　　皮平解释，人类行为和纯事件、动物行为之间的区别在于，我们想为自己的正当性辩护。行为不仅仅是实现愿望，更多的是在行动中，为了证明行为的合理性和目的的价值性，我们为自己提出了一种默认的规范要求。关键是，黑格尔认为，这一规范时刻只出现在与他人的某种相遇中，比如有人和我说话，或者我主动告诉他"我来自哪里"。而且，为自己辩护只出现在我受到他人挑战，或者预想会受到他人挑战时，对方不仅仅阻碍我去做我想做的事，而且还拒绝承认我的行为是正当的。

面对这一挑战，我必须评估自己的行动，这真的是我想维护价值的东西吗？如果我想要拥有自己的行为，我必须回过头来重新思考。我认同这些行动是属于我的，而不只是把它们看作身体的动作而已。正是这种对自己的评价立场使人类与众不同。

工作是一种在世界上的行动方式，可以通过报酬来论证其合理性。在一次会议中，我为我所做的事情提出价值要求，胜过了另一名自由职业者，我成功得到了报酬，我将其视为对我自身行动的认可。[3]缺乏这种体验可能会令长期失业者怀疑自我，富裕家庭游手好闲的成年子女也会如此。

反对者的问题

但是，通过报酬认可是通行的政治经济学的一个功能。如塔尔博特·布鲁尔在交谈中对我所说，政治经济制度或许可以反映对自我认识的偏见。某些行业可能因高薪而带来自我膨胀，导致轻视他人的价值，漠视或忘记对该行业从业者技能精进的后续要求。我们是社会物种，需要借助他人证明自己的合理性，在广大社会中这种无意识会影响一个人的经验，使自己都再难辨认。

每一种制度都存在这样的盲点，夸大了对人类可能性的估值。它们都具有政治特性，塑造年轻的政权形象。设想一位来自一流大学的学生，他想要成为投资银行家，但当他想象未来生活时，看到的画面令他沮丧。一个夏天，在尝试了工地工作以后，他宁可选择去做建筑工人。但是，在社会对他的期待下，他感到自己说不清这项工作有什么价值，也不能说明选择此工作作为生计的合理性在何处。所以他尽可能不再畅想他所希望的美好生活是什么样子，因为它们得不到认可。他可能再借由一点点药物的帮助，令期望逐渐萎缩，像是为防止传染蔓延而自断手臂那样。

就皮平所阐述的黑格尔的立场而言，几乎没有空间让人脱离主流，站到对立面。一个成熟意义上的行动者能够调整自己适合社会规范，因为它提供了论证某人行为合理性的唯一框架。缺少公共框架，就如同人漂泊在大海上却没有指南针，处于严重的幻想之中。尤其要避免堂·吉诃德的命运，以为自己是骑士，却生活在一个无法容纳这种角色和行为的社会世界中。因为这种角色和行为不被认可，不为他人所理解。

这是一种严重的墨守成规者的思路。没有空间去做一些有趣的荒唐事，也缺乏艺术家或异类那样对世界的创造行为。但是黑格尔关于行动者社会属性的核心观点，以及对唯我论和自我欺骗的担忧，我认为似乎切中要害。

我想要提出的问题是：我们的主观看法应由谁来核查？是公众，还是具体实践群体中的胜任者？有很多此类实践群体，对应各种不同职业领域的优秀人才，而公众则是无差别的一个群体。

关注于狭隘的一点，就没有真正的创新，但我希望能够帮助阐明在某些实践中人们聚集的基础。在重要方面塑造人们的实践，有时或许令他们感到不合时宜；或与周边社会脱节，可能为他们自己创造了规范生态位，否认精神错乱的无端指控，捍卫自我，对抗进行心理调节的政府官员。我所想到的此类实践，尤其是因反主流文化而需要捍卫的实践，就是哲学和工艺。

辩护规范中的"谁"和"什么"

"谁"来证明行为的合理性，证明人应同样习惯于伦理生活的某些特定规则呢？黑格尔认为，是文化夹具，它随时间而不断发展，并为行为提供意义框架。在这一世界中，行为具有启示力量。行为不言自明，无须雄辩，因为它们将传递给那些栖居于同一文化中的人，或者文化本身可能就是他们创造的。正是在这种相同的文化中，行为具有了某种固定的意义。只有在具备一整套文化的背景下，献祭一只羔羊才会被理解，而不会被理解为是行为艺术。

但是，这意味着，在文化变迁和不确定的时期，并没有清晰的"我们的规则"，从社会角度理解个人时将遇到困难。人又被扔回自我之中，除了自己的意志和孤立的判断外，几乎没有任何参照。

在这种情况下，制造和修理物品的物质实践具有特殊意义。它们的意义并不是依存于脆弱的文化环境和变化的表达方式。如果我们一起处理具体的事情，我们可能互相理解彼此的行为，这是真正能动性的要求。马特·菲尼说："供养我、烦扰我的自然，也是供养和烦扰每一个人的自然。"[4]

注意，只有在"每一个人"未加详细指明的情况下，才是正确的。在这种情况下，我们被限制在"有起必有落"的陈词滥调之中。只有在更具体的情况下，自然才为互相理解提供意义基础，在技能实践的共同群体中就是如此。人的能力在于理解世界的真实特征，这些特征会借由某些人类需求、欲望和相应的技术反映出来。一个专业水管工向学徒演示，他必须以某种特定方式给排水管开口才能使沼气不会经由卫生间渗漏，发出恶臭，此时，这些特征可能简单易懂。或者在一些需要敏锐洞察力的情况，如摩托车高手解答，为什么从车手的角度而言减小摩托车前悬挂的阻尼反而会更好。这些理解中含有进步意义，世界的某些方面在我们眼中愈加清晰，你自己的判断也变得愈加真实。更准确地说，你变得更具辨识力，开始思考从未判断过的事物。你的头脑以这种方式发现外界，连接独立于自我的世界，通常还需借助领先于你的他人的帮助。这一过程是在辅助之下完成的，如悬挂系统调校，如果你与他人共同应对某一实体系统，通过感觉运动的参与才能理解相关特征，你希望系统达成何种特质，这就成了共同注意力的目标，此后也成了沟通的目标。

　　这种教育方式的驱动力在于，一开始参与实践时就会出于本能地力求卓越，因而必然带来对粗俗的蔑视，比如，发出恶臭的厕所或转弯时颠簸的自行车。在培养技能的过程中，感觉与判断相连，我们的感知变得可以评估：实践的目的阐明了我们的行为，未能实现时心中就会产生阴影。若目的只是功能性的，则任何人都能理解。从这一意义上来说，目的是"公共"的，是获得报酬的依据。但是达到了功能的标准并不会使从业者就此无忧。因为他力求卓越，所以从业者仍有发挥自由和个性的空间。即使他遵守公众的行为规范，也只是实践的功能规范。

　　例如，一个木匠，需适应水平线、直角尺、铅锤，这些是普遍有效的标准。但是仍然需要由他决定在满足这些最低标准的同时，怎样使扶手呈现完美的弧线。技艺工匠能洞察每一个细微之处的差别，而旁观者却未必。只有同样技艺精湛的匠人才有资格说"做得非常好"。做出一件好的作品，商人认可它的价值。由此，工匠的个性在共享的世界中得以表达，将他与其他人相连，尤其是与该行业的其他从业者相连，他们有能力认可这件作品的出色之处。

上文修理工的例子中，拿着账单面对顾客的时候，你必须站出来，向另一个人论证你行为的合理性，这么做赋予了你的工作非孤立的行动状态。也就是，你能够向他人主张这一行动的价值，并为此承担责任。如果你成功得到报酬，你主张的价值就得到了认可，不仅仅是顾客的认可，还有交易背后所有人的认可，即获得相似服务构成的整个市场的认可。

然而，在某些市场中存在典型的畸形状态，有的活动收获高额评价，有的则被低估。市场指定的价值所代表的人类卓越性并不可靠。即便在最理想的形式下，在自由市场中，只能提供抽象化的估值，因为它是以可替代性为基础的。货物与服务具有极其丰富的多样性，但从根本上来说，是平等对待的。每一件货物、每一种服务都可以以某一价格进行标示，这个价格代表一个可以在同一维度的共同领域中共享的标记。市场正在消除差异，而我们作为道德主体的估值行为却对差异高度敏感。

因此，修理工与顾客之间的交换只能止步于满足修理工的需要，认可他特有的技能，因为顾客个人不足以认证他更加精细的工作。修理工所需要的，也是我们都需要的，就是认可。但是，我们只能从同行那里获得认可，从对相关事物具有敏锐眼光和鉴别力的人那里获得认可。

我们想要作为个体得到认可，似乎只有真正与他人相连，与他人一起被锁定在具有约束力的规范网络中，即文化夹具中，才可能实现。这种文化夹具具备足够的丰富性，能够包容个人的理解。这里所说的就是技能实践，它在我们努力希望作为个体得到认可的过程中具有特殊意义。我们生活在公众所信仰的个人主义信条下，从系统上拆解了意义的共享框架，我们因而感到困惑，受到误导。我们需要这种框架是因为，只有在这种框架之中，我们才能区分自己，不仅不同，而且优秀。失去了这种纵向维度，我们就陷入了千篇一律的唯我论，而不能实现真正的个性。

　　日常生活的去技能化，是经济作用下的结果，其影响远超出经济之外。这是一系列的整体，继续影响我们即将成为何种自我，以及未知的人类可能性。

09

绩效文化

The Culture of Performance

阿兰·艾伦伯格（Alain Ehrenberg）在《精疲力竭的自我》（*The Weariness of the Self*）一书中阐述了抑郁的发展历史。他写道：

> 行为规律模式、权威规则和禁忌守则，赋予社会阶级和男女两性不同的命运。当它们冲击那些鼓励享受成为自我以获得个人主动性的规范时，抑郁会呈现上升趋势。抑郁表现为责任上的疾病，主要的感觉是失败感。抑郁的人无法达成目标，他厌烦成为自我。[1]

20 世纪 60 年代，个人从父母、老师、阶级、法律、子宫、草图和胸罩的束缚中解放出来，这恰好发生在经济繁荣时期，社会向前发展。当时来看，这些发展似乎预示着尼采预言的强者的来临。艾伦伯格引述了《论道德的谱系》（*The Genealogy of Morals*）中的话："他骄傲地意识到，负责任是非同寻常的特权，是少有的自由，是驾驭自己和命运的权力。这种意识已经深入他的心底，变成了他的本能，一种支配性的本能。"几十年来，直至今日，这种主权个人的形象已经固定为毕业演讲所用，常为日间脱口秀节目和读者问答专栏所用，是中学辅导员应对学生问题时的良药。

主权个人已成为我们的规范，正如艾伦伯格所说，当失去主导者的力量时，她变得脆弱，厌倦自己的主权，这使她抱怨连连。[2]

绩效文化

我们的厌倦是可以理解的。艾伦伯格这样说道，重新强调个人主动性、承担重任，以及随之而来的绩效文化，要求你必须不断地整合内部资源以取得成功。中产阶级教育的激烈竞争就说明了这一点。社会排序在每一阶段都意义非凡，从幼儿园到研究生。我们笃信精英政治具有公平、畅通的流动性，不僵化，不会阻碍我们，但如果我们对社会抱以更加现实的观点，失败就会变成愈加耻辱之事。

若无外部约束，你对自己的了解就取决于你是否积极进取、心智出众。你的表现出众吗？在绩效文化中，人们从一个人的世俗成就中读取她灵魂的地位和价值。如同加尔文主义者一样，她指望着依靠成功来知晓：我是被选择的，还是被唾弃的？伴随着重任而来的，是对自身能力不足的深深恐惧。

在加尔文时期，人们的职业可能是世代相传的。直到20世纪70年代，职业生涯才以稳定的经验积累为核心，职场会对这种经验予以估值，即评价你的能力。但是，如社会学家理查德·桑内特（Richard Sennett）在其对现代工作的研究中所说，人们将很难再维持这种固定的身份。[3]原本期望累积经验，继而变得纯熟老练，现如今已经为弹性灵活所取代。现在需要的是通才，这才是进入精英学校的敲门砖，而非任何特定熟习的技能。你必须时刻准备重塑自己，像"超人"一样。在加尔文时期，诅咒的威胁可能已不复存在，诅咒被认为只是迷信罢了。但在如今赢者通吃的经济制度下，诅咒才露出了真面目，很有可能使你永远只能在底层挣扎。

流动性和民主社会状况

19 世纪 30 年代，托克维尔来到美国时，美国的民主社会状况令他大吃一惊，新家庭不断涌现，原来的家庭逐渐消失，一切都在不停变化。社会流动性代了一种可能性，一种平等的权利，即便暂时在底层挣扎也会充满精神力量。

在美国人的日常生活中，不同阶层的人是生活在一起的，并没有做特殊区别。这就要求大家在某种程度上亲切友善，泊车员可以借着一句"最近怎么样"，开始与他即将帮停的法拉利车主交谈。对他而言，这种亲密感使法拉利车主感觉受到恭维而非冒犯。泊车员表现出可靠，在交流中消除了车主的紧张与拘束感。车主可能会给不少小费，因为泊车员使他内心舒适。但稍等，一大笔小费可能会使人联想到经济不平等，因而破坏了整个交流过程，破坏了社会平等的整体表现。这种情况在美国十分复杂。要在这类服务行业内生存，你必须学会细致与敏锐，使其成为你的优势。在将车钥匙交还法拉利车主前，你必须唤起他的民主美德。

《赫芬顿邮报》（*Huffington Post*）的一项民意调查显示，美国非常笃信精英政治。然而，有一项关于发达国家代际间的机会均等和社会流动性的研究，针对美国、英国、法国、德国、瑞典、意大利、澳大利亚、芬兰、丹麦和加拿大做出评价，美国在其中名列最后。[4] 面对上述事实，美国民众仍然坚定地相信美国的社会流动性，否则个人主动性文化的公共基础将会崩塌。

托克维尔写道：

> 随着社会环境越来越平等，有一类人群在不断扩大，他们不依靠别人，永远习惯于孤军奋战，认为命运掌握在自己手中。因此，民主不仅使人忘记了祖先，也隐去了后代，使他与同代人分离，孤立于世，与内心的孤独为伴。[5]

由于我们坚定地信任我们的个体经验，劳工组织瓦解，社会保障处于私有化的持续压力之下，企业养老金已经为个人退休金账户所取代，这一切都不足为奇。问题在于：由于经济存在着系统性的不平等，我们珍视的经济个人主义（economic individualism）已经成为某种机能失调的理想状态。但这种理想仍然存在。如果说有什么不同的话，那就是我们政治方向的参照点变得更加极端，对批评的容忍度也更低了，这必将使人体验到个人不足，而不是政治上表达的集体不满。[6]

艾伦伯格的书使我们将一些要点联系在一起。20世纪60年代，个人从各种身份、义务和忠诚中解放出来，使经济个人主义不同以往。右翼经济在自由的融合中注入了年轻左翼的道德狂热，以波希米亚商人最为典型。这一发展轨迹带来了抑郁症的暴发，也改变了我们对于忧愁的理解。

曾经，我们的问题是内疚：你感到自己犯了错误，违反了禁令。这被视为个人品质的污点。艾伦伯格认为，允许和禁止的对立已经为可能与不可能所替代。评价一个人的性格，不再以好坏为标准，而是这个人是否有能力。这里说的能力是可以用计量单位测量出来的。随之而来的是一种新的病态，内疚的折磨被厌倦取代，因无休无止地要成为模糊不清的完全自我而感到厌倦。我们称这种状态为抑郁。

在绩效文化中，抑郁尤为显著。在这种病态之中，人难以行动。20世纪 80 年代，恰逢经济文化的演变，我们发现了"某种分子能够推动自治，实现自我，自主行动"，彼得·克拉玛（Peter Kramer）在《倾听百忧解》（*Listening to Prozac*）一书中这样写道。我们可以调整自我，应对集体需求，即主权个体聚集起来的特定需求。

这一情况的一个讽刺之处在于，我们发现在人类生物确定性和自治理想之间达成了意外的和谐。回想康德捍卫意志自由独立于物质原因之外，提出将自由从经验主义中分离出来，归入单独范畴。但是决定论的另一面是自我可操纵性，康德似乎没有预料到这对自治文化中成长的个人颇具吸引力。对自我的某种立场是将自我视为突触和神经递质的结合。我不会想到"我很绝望，因为我失业了"，我会认为"我的血清素水平过低，应该吃点药"。这从第一人称视角转向了第三人称视角。在第一人称视角中，我处于自己的经历之中并对其进行解读，参考一些事件，给出理由；而在第三人称视角中，我把自我客观化，我诉诸自己头脑中的物质原因。[7] 这种自然主义决定论可能会令康德感到惊恐，但请注意，坚持认为自由独立于所有来自外部环境的他治原因之外，才保证了这种内在本质的合理性。

冲突的运用

就弗洛伊德的理解，在自我与世界之间存在着根本性的冲突。内疚的体验从本质上告诉了我们这一点。这种冲突是焦虑的来源，但也有助于塑造个体。作为成年人，要求能够意识到冲突，理智对待冲突，并清晰地阐明冲突，而不是愚蠢地受冲突所控；作为成年人，要学会接受世界强加给我们的限制，世界不会完全满足我们的需求。若没能做到这些，就只能像个孩子一样，在《米奇妙妙屋》里慢慢变老。

当然，弗洛伊德的治疗方法也存在危险。过去有某种人：沉迷于无止境的研究，盲目迷恋冲突，而且表达冲突过激。想一想伍迪·艾伦（Woody Allen）在《傻瓜大闹科学城》（*Sleeper*）和《安妮·霍尔》（*Annie Hall*）等早期电影中的角色。但在 20 世纪 80 年代末期，作为一种文化类型，精神病被抑郁症所取代。抑郁症患者不是从冲突的角度来理解自己的不幸，而是从情绪的角度来理解。情绪被视为神经递质的一项功能，在此不做赘述。我们在探讨神经时，任何一种对人类的描述都显得含糊不清。

艾伦伯格指出，与这一转变相对应的是开始强调健康。之前弗洛伊德的观点，从精神分析角度来认为"被治愈"不是变健康，而是能洞察自我和人类现状。与他的继承者不同，弗洛伊德提出了一个消极观点，他认为抵抗梦境才能实现最终解放。社会的禁令不只是镇压，也构成了生活在社会中的个体，并不能简单地理解为顺从一致。更确切地说，个体只有在历史背景的冲突之下才会产生，比如在黑格尔时期。文明的到来是以物性巨大的个体成本为代价的，但野蛮可能会不那么具有人类特性。

弗洛伊德的思想阐明了自治理想在心理学上的吸引力，根本上是希望实现一个不与世界相冲突的自我。

以大脑为中心看待自我与这种希望完全吻合，因为它希望自我能够通过提升情绪的分子来控制，不管个人情况如何，都能将健康最大化。这无关生平经历、人际关系和更广义上的文化和经济背景。

艾伦伯格写道，依赖药物的人将不再受制于一般所知的限制。类似地，虚拟现实的先驱之所以兴致勃勃地开始研究是希望超脱那些定义人类的极限，探究体验的可能性。

我们应该选择成为什么样的自我？目前精神药物的使用方式表明，我们面临的"选择"是经由社会压力塑造的。据说，高级研究型大学的年轻教员和他们的学生大量服用治疗注意力缺失和多动症的药物阿得拉（Adderall），这是完全可以理解的。艾伦伯格认为自我责任文化即是绩效文化，也就是竞争文化。既然是竞争，那么只有一种自我会成功：高效能。这开始不像是在存在主义自由的闪耀光芒下做出的选择，反而更像是某种义务。

可能我们只是不再将自由的缺乏归咎于可以挑战的外部权威，转而归咎于科学解释和经济压力的网络之中。上述解释和压力都建立在将自我原子化的基础之上，我们难以看见这一网络的约束性，也难以与之争论辩驳，因为它如此舒适地适应于我们。若它能开口说话，它将告诉我们自治的深层含义。

自由之上

如果暂不考虑几个世纪对解放的关注，我们对权威的看法可能不会如此。关键在于权威摆脱了形而上学的妄想，不会触及现代人心里敏感的神经。再次回想艾丽丝·默多克所描述的学习俄语的状况。"命令式结构"产生自我的平衡，既非犹太教上帝的律法那般严厉，也非基督教的上帝那般博爱。相反，它是博取尊敬的技能实践的权威，出自实践本身的内部原因，不需要深层基础或形而上学支持。随着该项实践的深入，这些原因会逐步揭开。

默多克提出的道德心理学完全是现世的，其基本立场是感恩。她谈到了"对俄语的爱"。她说："这是由某种愉悦感来引导的，关于现实的了解就是给予注意力的回报。"爱在其中的作用表明，注意力可能根本上是情欲现象。

10

注意力的
情欲性

The Erotics of Attention

小说家大卫·福斯特·华莱士（David Foster Wallace）在其生命最后的几年里，一直通过惊人的注意力苦行来探索神秘的狂喜。在他死后，人们发现了一份他的笔记，其中写道：

> 狂喜的对立面是被无聊压垮。密切关注你所能发现的最索然无味的东西，如纳税申报单、高尔夫比赛转播等。从未有过的厌倦感一阵一阵地向你袭来，几乎要将你杀死。经受住这些，一旦过去，就如同是从黑白进入彩色，像是在沙漠中数日之后发现了水源。身体的每一个细胞都充满喜悦。

这篇作品读来像是极端苦行、自我试炼后的报道。本着蒂莫西·利里（Timothy Leary）使用迷幻剂的精神，华莱士认认真真地填写纳税申报单，看高尔夫比赛。这种生活适合如同华莱士那样沉迷药瘾却挣扎着想过清醒生活的人，他们可能也会对日常生活中的狂喜上瘾。考虑到保持清醒需要极大的努力，我们可以理解为何华莱士会着迷于意志，以及克服自我的超常潜力。马特·菲尼说，承受痛苦，保持容忍，似乎是默多克一生中多数时候的生存状态。这是舞者智慧的苦行，而非虚张声势的极端 SE 音乐。①

回想西蒙娜·韦伊的一句话："我们灵魂中对于真正集中注意力有一种强烈的抵触，远大于身体对于肉体疲惫感的抵触。"相较于肉体，注意力与邪恶更为紧密相连。这就是为什么每一次我们集中注意力时，我们都摧毁了自身的邪恶。

韦伊和华莱士说的都是注意力苦行，无论是为了来世的极乐或摧毁自身邪恶。二者都具有现代性，依靠意志力量而非神恩。我想要就注意力在生活中的作用提出一种更加温和的理解，一种完全现世的理解。我称其为"注意力情欲"，关键是抓住具有内在吸引力的对象，使之成为提供正能量的来源。

注意力 vs 想象力

在凯尼恩学院（Kenyon College）的毕业典礼上，华莱士在演讲中说道：

> 学习如何思考，实际上意味着学习思考的方式，以及如何对思考内容施加控制。这意味着足够清醒和自觉地选择你关注什么，选择你如何从经验中建构意义。因为假如你不能在成人生活中施加这类选择，你就会被完全打败。

---

① SE（Straight Edge）音乐，一种属于硬核音乐领域年轻人的文化形式，反对朋克领域普遍存在的酗酒、吸烟，特别是吸毒行为。——译者注

华莱士道出了重要的一点：按照我们的意志指导我们的注意力，是美好生活的基本条件。这对我而言有三分之二是正确的，我想与他争论一下"选择"这一词的用法。"选择"听起来像"从经验中建构意义"，有些任意，坚称意义和能动性以有趣的方式与我们的努力相连，我们希望自己适应世界的本来面貌，并且设法爱它。

华莱士认为，生活的核心问题是自我批判，而不是自我专注。他说："在我无意识下确信的大部分事情的结果是大错特错的，而且是被误导的，尤其当我认为我的直接经验支持我深信我就是世界的绝对中心时。"那么，我们的任务就是要以某种方式转变或摆脱自然的、固有的默认设置，即摆脱根深蒂固的完全自我中心，不要以自我的眼光来看待并诠释一切。他所阐明的观点并不是无私的道德观，关键在于不要被迷惑，不要迷失在头脑中抽象的论证中，而不去关注我们眼前正在发生的事情。

对以自我为中心的担忧，是因为它使人难以应对生活。在毕业典礼的演讲上，没人谈论过美国成年人生活的大局。在成年人的生活中，一部分就涉及无聊无趣、例行公事和挫折失望。华莱士描述了这样一种体验，下班后已经筋疲力尽，到家前还要忍受堵塞的交通和拥挤的超市。

> 关键是诸如此类的琐碎和沮丧就是你所选择即将要面临的工作。堵塞的交通、拥挤的通道、付款的长龙，这些都使我有时间思考。如果我不是有意识地决定如何思考、关注什么，每次购物时我都会苦不堪言。因为我的默认设置是确定这些情况都与我

有关，饥饿、疲劳、想回家，然而全世界每个人都好像挡着我的去路。

华莱士向毕业生提出了一系列的思路，关于肥胖、丑陋的越野车司机，并指出与爱国或宗教有关的车尾贴好像总是贴在最讨人厌、最自私的车辆上。下面的听众欢呼起来，华莱士打断说："这就是不思考的例子。"然后他给出了几个例子，说明做出不同的选择时，他在想什么。

> 在车流里，所有车辆停止或慢下来挡住了我的道。并非没有这样一种可能，这些在越野车里的人过去曾经遭遇了可怕的车祸，如今都对开车感到害怕，以至于他们的心理治疗师不得不要求他们去弄一辆巨大的重型越野车，才好让他们觉得足够安全。这辆刚刚超过我的悍马，驾驶它的那位父亲旁边或许坐着他受伤或患病的孩子，他正试图送他去医院，他远比我紧急得多，也更合乎逻辑：实际上，是我挡了"他"的道。[1]

华莱士承认，这些假设的可能性都不大，但也不是没有可能性。这种慷慨大方是对我们默认设置的改善，确定我们了解现实，了解周边事物。因此，当他人挡住我们的去路时，不会去考虑"不恼人、不痛苦"的可能性。但是如果你真的学会了如何去关注，那么你会明白存在着其他选择。

焦躁、敌视的自我专注恰如其分地描述了我们的默认状态，尤其是驾驶时的状态。华莱士所说的在对待他人时希望获得宽容解读的需求无

疑是正确的，尤其是为了实现我们自身的平静。我想要提出的批评首先
是一个看似微不足道的观点：他指出慷慨的回应是来自学会如何去关
注，而我认为他错误地叙述了他的几个例子。它们是想象力的行为，而
非注意力。他所设想的情景唤起他的同情心，在这点上出现了一些关键
问题。

　　首先是这种方法能在多大程度上解决有效、持续的现实问题。华莱
士的建议从基本上来说就是斯多葛派（Stoic）的苦修策略，通过改变对
干扰自己的刺激物的看法，以使疼痛最小化。这一策略的一个问题在于，
信仰牵涉现世的各种事态，所以不单由自己来决定我们想要什么。进入
一栋大楼，宣布"外面下雨了，但我不信"，这是毫无意义的。[2] 没有
彻底的矛盾对立，在一个人的想象引起幻觉之前，他的解释范围就十分
有限。《阿甘正传》表现出了不为世界所动的正面情感，但也并非完美
无瑕。

　　尽管华莱士多次提到注意力，但他演讲的核心是建议"你要有意识
地决定什么有意义，什么没有"。这不完全是以自我的眼光来看待并诠
释一切，因而使他正在试图解决的问题再度发生。华莱士主观地设想世
界是存在的，并通过自由意志行动来断定世界是存在的。因此，他的解
决方法就是本书中我们试图处理的问题：世界有其自身实际，而我们对
它的理解含糊不清。华莱士的方法就如同虚拟现实一样。

　　与华莱士一样，艾丽丝·默多克也关注自我封闭问题。但是她提出
了一种不同的方法走出自我，可以称之为享乐主义（Epicurean）的方式。
享乐主义与禁欲主义形成对比，如果你被不良情绪所困，能使你摆脱的
是注意力的转移，而非信仰的意志努力。她写道：

> 当强烈的情绪袭来时，比如性欲、憎恶、怨恨或嫉妒，"纯
> 粹意志"没有什么帮助。告诉自己停止去爱、停止去恨、心平气
> 和等方式都收效甚微。真正需要的是重新定位，从一种不同的来
> 源提供一种不同的能量。注意这种能量背后的隐喻。故意放弃去
> 爱，不是意志的跳跃，而是获得了新的注意力目标，因而通过重
> 新集中注意力获取了新的能量。[3]

默多克的治疗方法建立在现实主义的基础上：新的能量来自感兴趣的现实目标。这令我惊觉，与华莱士建议的重新解读相比，它是更加彻底的解放。它与道德提升和公正合理并不那么相关。你只是抛弃了折磨你的对象。你走开了，甚至是不知不觉地走开了，因为你将能量投注在了其他地方，而幕后推手就是爱神厄洛斯。

默多克指出，宗教信徒，尤其是信仰的上帝是人的形象，他们很幸运能够将思想关注于能量的源头。她提出疑问：这种注意力是什么，那些非宗教信徒也能从这种行为中获益吗？[4] 这个问题很关键。

行动 vs 沉思

试想一下，某人不像默多克的例子中那样受强烈的性欲、怨恨或嫉妒所苦，但是他陷于悲伤、不满、无聊或烦恼。比如说，一位妻子对她的丈夫抱有这种情绪，但她仍然遵循着某种仪式：每晚休息时，她都会说"我爱你"。说这句话不是在表达她不真诚的情感，但也并非说谎，这是一种祷告。她唤起自己珍视婚姻关系，这样做是为了避开目前的不

满，关注这种关系。据说，与真诚相对的仪式具有"虚拟语气"的性质：人们假定某种状况真实，或者可能真实，然后行动。[5]这似乎特别像是犹太人的智慧，犹太人注重遵循仪式。而新教徒注重内心状态，它使人卸下了"真实"的重负。

威廉·詹姆斯在《放松的福音》（*The Gospel of Relaxation*）一文中就提到了这种减负。他写道，为了对我们曾经怀有敌意的人表现出亲切，唯一的方法就是微笑，即使是逼迫自己言谈友善。努力克服负面情绪只会使我们将注意力投放于此，使其在脑中挥之不去；但如果假装从更好的情感出发，原本的坏情绪就像帐篷一般收起，然后悄然而逝。[6]我们应该重点关注自己所说所做，而不应太在意所感。

有人可能会问，那位妻子在虚拟语气下的祷告和华莱士建议的大胆想象有何不同？我认为答案取决于它所导致的行为。这里是指说"我爱你"的仪式，因为不可能对此不予回应。说这句话多少能改变一点婚姻的面貌，尽管它所表达的爱可能不足以像咒语一样唤起爱。夫妻一方邀请另一方向婚姻表达敬意，正是双方都采取同一种行为，才使婚姻可能被赋予敬意。这是一种信仰下的行动：信仰彼此，也信仰婚姻本身。

同样地，如果在华莱士的大胆想象中，他可能让超市付款队伍中那个烦人的人做出某种行为，或说出某句话，陌生人看到或听到后，成为他回应的素材，由此华莱士和陌生人可能成为这一情景的共同创造者，与一开始华莱士所描述的孤独的地狱完全不同。[7]但是，如果继续保持沉默，不说话，不行动，那么华莱士的大胆想象便不能促成这一转变。那想象就是逃离世界，而非参与世界的一种方式。

重申一下，英语 attention（注意力）一词的拉丁词根是 tenere，意思是伸展或拉紧。外物为思想提供了附着点，它使我们抽离自我。但必须将它们视为外物，有其自身的现实。

自我保护

当一个人在依赖他人的事物上难以与他人建立联系，这种状态就叫作"自恋"。与其说是自大，这更是脆弱。自恋人格需要持续不断的外部支持，自我与他人之间没有明确的界限。雪莉·特克尔（Sherry Turkle）在《群体性孤独》（*Alone Together*）写道，这种性格不能容忍他人的复杂诉求，通过扭曲他人，以及分裂所需之物和所用之物，与他人相关联。因此，自恋的自我只处理为其量身定制的表现，从而与他人相处。[8]

这种表征表现为华莱士在超市付款队伍中的想象，这是为了缓和焦躁而定制的。如果这些表征不产生互动，那就不存在异议，那么华莱士就可以以任何能够满足其心理需求的方式自由地"建构意义"。

另一种通过表征与他人打交道的方法就是我们在智能软件中沟通的方式。特克尔采访了人们关于不同数字技术的使用情况，她十分有趣地解读了她的发现。她认为，电子人格的自恋不在于自我表征的夸大，而在于我们确实越来越多地通过我们所拥有的关于他人的表征了解来与他们打交道。这使得受到控制的互动交往比面对面相遇或打电话更封闭，从而我们有了更多的掌控力。在这一领域，我们与他人没有摩擦，联系薄弱，我们可以根据自身需求与他们联系。

你独自坐在机场的酒吧里，有点焦虑，于是你浏览智能手机上的通讯录，找到了一两个人。他们可能欣赏你刚才有趣的发现，还能回复一连串的短信给你。如特克尔所说，即使还未收到回应，你已经觉得得到了承认。我经常这样做。这比长时间打电话有意思，打电话可能会转向各个话题，如果呆板无聊，想要挂断也会尴尬。这种时候我有点像半自闭的赌徒，渴望掌控，不想应付麻烦的朋友。

短信朋友中的每一人都能欣赏你某一层面的才华，有了他们，酒吧里坐在你身边的人也就不会拉着你聊天。这很棒，因为和他们聊天你会得到一种暗示，一种经由声音或眉毛传达的计划之外的情感表达。也许他是无意间与你交谈；也许他是在评估你，向你游说投资计划，或者跟你分享什么天赐良机。或者，他只是另一个疲惫的旅客，想要跟人吐槽运输安全管理局。幸亏有了手机。

我们疲于应付他人，不仅仅是因为我们太忙了，也因为我们的自我保护本能越来越强烈。特克尔说，青少年喜爱打字远胜于打电话，因为他们害怕电话会暴露太多自我。打字时，你可以精心撰写你想呈现的自我。

在关于社交媒体使用的采访中，特克尔指出受访者表达了生活中与他人打交道的疲惫感。现实中，人往往提出太多要求，而且常常令人失望。她认为我们已经做好充分的情感准备，使用替代品，比如能模仿各种亲密行为的机器人、陪伴老人的宠物，或者孤独者的性伴侣。人们谈及与机器人的关系时，常提到假装性高潮的伴侣，还有变坏的孩子。他们常说理解家人和朋友有多么困难。⁹毫无疑问，其他人成了眼中钉。换种说法，他们妨碍了我们的自由。用华莱士的话说就是，他们使我们不能"有意识地决定什么有意义，什么没有"。

　　面对"理解家人和朋友有多么困难"这个问题，孤独症患者选择了自动刺激（autostimulation）。自恋者会把他感兴趣的东西从别人身上分离出来，孤独症患者会内在增强自我反应。我们认为两者都是病态，也可能将其理解为自治理想的最终目的地，没有其他的理想能够与之抗衡。在我们对弗洛伊德的讨论中，自治理想的最根本目标是希望实现一个与世界不相冲突的自我。

　　一种表现方式就是厌恶面对面的对抗。对于网络成瘾者，我感觉到他们的这种厌恶比过去几十年更加强烈。如果你看看儿童电视节目，很容易就会发现这一点。我有一套 20 世纪六七十年代的第一代《芝麻街》（Sesame Street）的 DVD。每一集开始前，电视屏幕上都有一句警示语："本节目含有历史内容，供成年人观看，可能不适合现在的儿童。"如果你习惯了今天的这些节目，《芝麻街》确实更能使人精神振奋。在 20 世纪 70 年代早期，可以接受展现人物之间互相恼怒生气。节目中有真正的冲突，比如伯特（Bert）和厄尼（Ernie）在电影院看电影，厄尼向伯特评论电影，伯特感到尴尬，一直试图让厄尼安静下来。旁边的人对厄尼越来越不耐烦。开始时是咯咯笑，后来发出嘘声，以示不满，最后演变为大声辱骂和威胁。他们从座位上站起来，走下过道，大打出手，引发了一场真正的混战。

　　在另一集中，深夜里厄尼辗转难眠，于是在公寓窗边唱歌。一开始有人低声抱怨，然后抱怨音越来越大，很快就从洗衣店和街巷里传来辱骂声。在今天的儿童节目中，你不会再看到这样的场景。原版《芝麻街》里描绘的糟糕的社会关系，在某一时刻变成了独立而愉快的郊区场景。里面的实体空间——独立的家庭住宅，反映出了自治主体的道德隔离。

在早期的某一集中,一只蓝色的怪物与两个真实的孩子在即兴表演。他们一起吃苹果,蓝色怪物与孩子们交谈,用的是粗哑的男性嗓音,却丝毫不担心这样会影响效果。他们一起吃苹果呈现出一种特殊的亲昵感。事实上,这一集的对话并不多。蓝色怪物问孩子们还喜欢什么水果。葡萄。"嗯啊。"香蕉。"真棒。"芹菜。"芹菜?芹菜不是水果!"他斩钉截铁地说道,这是直接的语言否定。小男孩立刻吓了一跳,但是随即他的脸上又明朗起来。他在微笑。蓝色怪物认真地对待小男孩的回应,将其视作对世界的陈述。这可能是错的,这与描述情感不同,若是描述情感,则必须得到保护。在这一大胆的表演中,我们看到了成熟的时刻。看起来很欢乐,但"不适宜现在的儿童"。压制面对面的冲突必然与现代自我的脆弱性有关。同时,政治演讲已经成了假意愤怒的行为艺术表演。

在这方面,想想那些潮人。克里斯蒂·沃波尔(Christy Wampole)向我们描绘了一个25岁的年轻男子,文着文身,穿着贾斯汀·比伯(Justin Bieber)那样的 T 恤。沃波尔用一种过时的方式提出某种模糊的隐喻体系,他以紧身运动短裤为例。他可能会拿起手风琴,怀念自己从未生活过的时代。沃波尔所有的讽刺可以理解为防御措施,防范自己的审美趣味由他人做出回应时,会面临的风险,即可能受到嘲笑。

现在还会出现罗伯特·普朗特(Robert Plant)这样的摇滚歌手吗?《摇滚万岁》(*This Is Spinal Tap*)这部电影深入人心几十年了。我猜想一个杰出的摇滚讽刺作品,可能会不幸推动潮人发展自我保护的逃避准则。现在也有一些出色的流行音乐,但可能很难有一支渴望达到英国齐柏林飞艇乐队那样划时代高度的摇滚乐队。我似乎感觉自己是历史的迟到者，好像人类历史已经展开，再无丰功伟绩可创。剩下的只有继承、取样和引用。

　　前一章中，我们探讨了黑格尔的观点，他认为我们需要他人来帮助实现个性。承担这一角色的他人，必须直接为我所用，不经由任何为我的精神舒适而定制的表征。反过来，我也会处于危险中，要让他们知晓我可以为他们所用，而不能避免不同估值眼光之间的对抗。因为正是通过这种对抗，我们得以抽离自己的思维，逼迫自己为自己正名。如此一来，我们可能会修正对事物的看法，加深理解，加深情感，需要伙伴构成三角关系。他人就是他人，在与他人的关系中我们实现了思想应有的个性。

　　若没有这样的分化，人类处境将被压扁。下一章中，我想探讨我们共享空间的建成环境将如何推动这种扁平化。当环境中充斥着大众传媒时，我们的注意力将被挪用，公众这个抽象概念将取代具体的他人，我们将更加难以以独立的个体出现在彼此面前。

11

扁平化

The Flattening

　　我 13 岁开始练举重，在伯克利高中斜对面的基督教青年会的地下室里训练。大约是在 1979 年，举重训练室里的长椅上都涂着红色油漆。油漆涂得不是很均匀，里面有些气泡，而且大部分长椅表面的油漆都已磨损，留下一个个小洞，露出下面的泡沫坐垫。在那些头部、臀部、膝盖或手肘经常碰触的地方，泡沫也凹陷下去了，有些地方还用牛皮胶布加固过。没有任何管理人员关心这间举重训练室。

　　这个房间的层高很低，没有窗户，里面的人情绪各异。有一群黑人，他们在杠铃两端各加 3～4 个 20 千克重的杠铃片在一旁练习。他们给人的感觉像是永远处在淡季中的接线员，聚在一起等着电话进来。

　　角落里有一个卡带机，有时有人会放一些音乐来抱怨或嘲笑他人，甚至可能会拿某人的屁股大小开玩笑。我不知道是谁在播放音乐，但必定是房间里的某个人。

　　2002 年左右，我在当时居住的城市里某所大学的健身房里运动。我躺在长凳上，把手搭在与肩同宽的扶手上，看着天花板上的扬声器。我想，那时候这里播放的音乐就是一些人所说的"情绪摇滚"吧。换一天可能就会播放不同的音乐，但又觉得好像没什么差别。我开始认为这些音乐一定是大楼某个管理员同业公会精心编排的。这是模仿音乐的某种噪声，在公共空间里随处可以听到，就像在这间健身房一样。

　　让我感到奇怪的是，在一所大学里，年轻人应该都是很关注他们自己喜欢的音乐。但是在这里，每一个人每天都遭受着声音的暴击。iPod刚开始流行的时候，健身房里的一些人开始戴上耳机逃避这种声音。

　　有一天，我走到健身房前台的学生服务人员那里，指着他膝盖处的音响架，问道："你能放个 CD 进去吗？"他看起来受到了惊吓，说他不知道。我建议他可以带自己的音乐 CD 过来。"因为你喜欢的任何音乐都比现在播放的好。"我想我说得很清楚，任何音乐都可以。乡村音乐、轻音乐，任何都可以。我想把健身房里的噪声带回去，让大家辩论一下这个声音是否好听。在基督教青年会，举重室似乎只属于那些举重室里的人，但在这里并不是。

　　我看着桌子，想让他更换正在播放的音乐。当时，那个年轻人眼中似乎有一丝恐慌。我听说以前也有人要求换其他音乐，其实有很多音乐可选。我想这对前台来说是常事。我并非抱怨音乐本身，我更想知道他在处理音乐时起什么作用。有明确的规定要播放什么音乐吗？如果违背，会面临高额罚款或者体罚吗？还是其他什么原因？尽管我试图使自己看起来是出于好奇，而不是已经下了论断，但他可能察觉到我发现了他内心的忐忑。最后，前台工作人员说了一句话，令我印象深刻，他说他不想把自己的选择强加于他人。

　　他可能会认为我是个教授，以为我在测试他。也许他认为，他说了那句话以后，我会认为他是一个多么有原则的年轻人，然后走开。事实上，我确实走开了，但我必须承认我那时在想"真是愚蠢"，或者其他类似的话。

　　当然，这不公平，他只是扮演一个制度上的角色。但是制度造就了我们，人不得不判断其结果。这个小伙子受到教育，讲民主。结果就是，他自动顺从了某些制度服务提供者包装好的音乐设计。

主观主义

我们常说审美判断是完全主观的，因此不适用于公开场合。这种自负的想法有着悠久的历史渊源。罗马人说，品位无可争辩（De gustibus non est disputandum），我们的感觉却并非如此。若你公开提出一种审美判断，就会面临风险。当你说"这很好"时，这种高调宣布的确定性总是与不可知论相悖，而不可知被视为民主的良好习惯。

2008 年夏天进行的一项研究中，圣母大学社会学家克里斯蒂安·史密斯（Christian Smith）及其同事，就道德生活话题深度采访了 230 位年轻的美国成年人。他们惊奇地发现了人的堕落，或者说因难以表达而感到沮丧。大卫·布鲁克斯（David Brooks）总结了史密斯的发现，写道："很多人都乐于讨论道德情感，但是在将这些情感与道德架构相关联时，都会表露出犹豫。一名受访者称：'我想，使我做好一件事的是我的感觉。但是不同人有不同的感觉，所以我不能代表任何人评论对错。'"[1]

托马斯·霍布斯是将判断私有化作为政治原则的第一人。在血腥的英国内战时期，他写道，为维护和平，过激的评价不宜外扬。应剥夺公共空间的"价值标准"，以防有人感觉自己成了他人攻击的对象。不仅如此，霍布斯还提出了更为彻底的观点：大学二年级学生平静地说出"使我做好一件事的是我的感觉"这句话，这就是主观性。

主观主义者的价值判断没有理解任何事物。事物的对错中没有任何一点世界的特性，因为价值判断表达的是私人情感。于是，你的道德和审美眼光的敏锐度难以加强。只能改变，却不能深化或变得更加成熟。[2]

但是，你 14 岁时对友谊的理解，当然不会和 13 岁时相同。不仅不同，如果发展顺利的话，还会更加有深度。这种深化，与个人成长历程有关，这就是我们在谈论个性时所说的，我们会参考已经获取的东西。但对主观主义者而言，每个人都已经是默认的个体，有自己独有的价值观。主观主义者无法把评价描述得更加清晰，也无法适应为了获得个性的认可而带来亲密关系的这一想法；因为这与纯粹的个人特质相对。[3]

在另一种情境下，史密斯的受访者所说的，使我做好一件事，或是做得成功或失败的是我的感觉，这可能听起来像是存在主义英雄的自夸，但这已经成为我们这些虚弱无力者的通病。主观主义使人孤立。道德和审美判断都只是感觉，与痒一样，完全是个人的感觉。[4]鉴于此，它们基本上是难以传递的。主观主义难以言表，也许我们应称其为道德自闭。它使人失去了所有的公共语言，无法用语言表达他们对好坏、贵贱、美丑的直觉，他们却声称这些直觉是正确的。

成为个体或许就是要经过深思熟虑，继而形成对世界的评价，并且为此辩护。这样做会使人陷入冲突，而且与他人的对话可能修正你的立场。如果一开始就不与任何事物发生连接，或者不向他人论证其价值，就不可能实现这种发展。

进一步说，这种过度敏感造成了公共空间内某种规范的真空。我们离开了共享道德与美学的领域，将这片领土割让给了企业强权，可他们丝毫不会羞于提供共享体验，比如音响中播放的情绪摇滚。结果会是这样：匿名人以我们的名义安装这些系统，却没有人为之负责，使我们无从讨论共享体验。它不会引起争议，这才是令人感到窒息的原因。

　　基督教青年会习以为常的背景音乐，使我们不再表达自己的品位，并接受他人的回应。这是自我强化的过程。公共空间里到处充斥着拙劣的人造体验，逼迫我们戴上耳机，加强自我封闭。

每个人

　　我想健身房前台那个人可能是康德学派的，宁愿放任播放任何背景音乐，也不愿强加自己的偏好。因为音乐是私人且专断的，他可能认为公共场合的背景音乐应该是公共且中性的。背景音乐以某种方式代表了其他人这个整体，其他人所要求被顺从的正是这种平均化和匿名性。这种对抽象的顺从似乎是主观主义信条必然导致的政治结果。这很容易理解，你当然不会希望将你的私人判断强加于他人。

　　那么，我们所拥有的就是，将"使我做好一件事的是我的感觉"的这种自夸和胆怯奇怪地组合在一起。这种组合似乎会削弱人际关系。这不该仅仅归因于康德，因为他痛恨主观主义。针对审美判断，他说，你必须避免对艺术作品着迷，不要做出任何情绪反应，因为可能出错。[5]但是，健身房服务员顺从于背景音乐，表明即便他的出发点与康德相反，如果他与史密斯调查中的主观主义者相似，他作为音乐管理人这一公共角色，他也如康德所言最终达成了某种自我疏远。康德说，与避免站在自己的立场上进行诡辩这种道德判断相似，声音审美判断是权衡判断而做出的判断，跟现实并不十分相关，而仅仅与他人可能做出的判断相关。将自己放在他人的位置上，偶尔会使影响我们判断的局限性被抽象化了。[6]

注意康德不仅仅是要我们将美学反应抽象化，更包括任何"实际"的其他事物。我们的判断唯一可能参考的是：每个人。

如果这不是每个人的音乐，那背景音乐是什么？

因为康德让我们在做出美学判断时将自己放在其他人的位置上，在这一理论中，一些人找到了与其他人进行情感连接的基础。[7]但是由于他们不能成为具体的他人，我认为康德将这种严格的学说应用于实践中，可能达不到预期的效果。

有时候正是通过个人感觉的表达进行论战，群体感才会油然而生。汉娜·阿伦特（Hannah Arendt）在美学争论中发现了她所热爱的古代政治的光辉：人们在公共空间集合，表达自己，不诉诸道德规范，而是用他们的说服力武装自己，以证明他们具有丰富的情感。[8]

我不想大力鼓吹古代政治，但也许我们可以在我们的共享空间中，为这种既存在对抗又共有的感受留有一丝余地。

也许如我所说，因为对抗，所以共有。这恰恰就是为何我会记得基督教青年会里的大音箱。这正是我在健身房里所怀念的，健身房的音乐来自安装在天花板上的系统里，由一个禁闭的小房间掌控，不知道出自谁手。当音乐从远处输入且不必有人为其负责时，与他人分享的感觉就被先占和阻碍了。我不能认同任何人，也不能批评任何人。

为了区别两次训练经历，我们需要引述德国思想家约翰·戈特利布·费希特（Johann Gottlieb Fichte）的观点。前面讨论的黑格尔的想法就源自费希特。费希特认为个性从互动中来。在互动中，一人向你发出召唤，告诉你来自何方，正在做什么，并对你做出了说明。为迎接挑战，你必须拥有你做出的任何行动，如音乐的选择。其中有对抗因素，比如摩托车修理工向顾客出示账单。

从这一观点来看，达成个性需要他人，因为需要彼此之间的某种设定。相反，只有人们真正愿意以这种方式使自己处于危险中并表达自己时，真正的共同体才可能建立。如此一来，可能发现超越礼貌之外的某种同感。这与我之前提出的"不处理的权利"并不冲突，因为这不适用于个人，而是适用于以机械化方式应对我们没见过的存在，比如背景音乐。

索伦·克尔凯郭尔（Søren Kierkegaard）曾写道，只有当社会中的联盟感不再如此强烈，不足以赋予生命以具体实际时，媒体才得以创造"公众"这一抽象概念，包括那些不真实的个体，他们从不曾也永远不会在实际情况中联盟。[9]在这一概念的影响下，每个人都认为自己代表了更具普遍性的事物。我们将这种"代表性"带入与他人的相遇中，这使我们的关系扁平化，变得更加抽象。

克尔凯郭尔关心的是，彼此之间的设定，自然会出现在两个人的具体关系中，比如父子之间、师生之间。在这样的关系中，会有崇拜敬仰，也会有叛逆反抗。在爱和被爱之间也存在类似的不对称性。爱慕者无声的渴望最终可能会使他胆大妄为，然后遭到斥责。在蔑视与宽恕、敬畏与反抗、斗争与诅咒的现实之中，与他人之间的真正连接才显出斑斓的色彩。

我感觉，基督教青年会比大学健身房更像"实际情况"。在基督教青年会里，有明确的边界和轮廓。一个瘦弱的 13 岁少年，想要挑战

270 多斤的音箱线务员,确实有些鲁莽。但这是可能发生的,这个可能性不是由我引起的,即使我总是正好路过音箱。我表面上是顺从,顺从是我们共同在这个房间里创造的气氛的一部分,每个人根据他在社会中所处的位置做出贡献,当然这是有等级划分的。

然而,在大学健身房里,声音系统代表了这一情景下抽象的公共性。这种扁平化巧妙地阻碍了任何真实社交的聚合。在那里,音乐就代表了一种假定,假定的一般情况是音乐是悦耳的。

但是,从政治意义上来说,音乐也代表了"我"。我不必忍受强者的品位,也不需要忍受一些官员的品位,而学生服务员强烈地感受到自己有责任不滥用职权。因此,音乐情境完全是自由民主的。确实,音乐本身是中立的,但这并不是人们想从音乐中得到的。

成为自己的第三方

在 19 世纪 40 年代,克尔凯郭尔写道,"平均化"是公众通过抽象化战胜了个人。将自己视为公众的一部分是讨人喜欢的,就像在"1"后面加上一串"0"创造出一个巨额的数字。但这也令人感到羞耻,因为即便是先天才能出众的人,也会在一些琐碎的事情中意识到自己是微不足道的少数部分。[10]克尔凯郭尔的论点有些模糊,但也很充分,所以值得详细引述,用以研究平均化如何挖空人际关系,只留下无关痛痒的关系。他写道:

　　　　爱慕者不再乐意认可和欣赏爱慕对象,开始反抗,变得傲慢

　　　　自大。爱慕者和爱慕对象之间的关系也变得对立，就像两个礼貌
　　　　的对手，互相观察对方。国民不再自觉地尊敬国王，甚至对他的
　　　　宏图霸略感到愤怒。国民的意义将完全不同，成为国民意味着成
　　　　为第三方……最后，整个时代的人都变成了一个委员会。父亲不
　　　　再利用父亲的权威骂儿子，儿子也不会违抗父亲，一场冲突可能
　　　　会因为原谅的本性而得以化解。相反，他们的关系是毫无瑕疵的，
　　　　因为事实上关系正在消失……[11]

　　克尔凯郭尔认为，权威关系的差异化是情感纽带真正的孵化器，也
会造成个性化的反抗。克尔凯郭尔所举的父子之间的例子引发了我们对
于当代育儿困境的思考。威尔弗雷德·麦克莱描述说，从婴儿潮一代的
父母开始就希望从自身做起，避免孩子的叛逆。因此，他们忽略了孩子
成长历程中的个性化冲突，只要他们不犯独断专权的错误即可。[12] 他们
将拒绝权威作为永远年轻的自我形象的支柱，他们无法想象自己成了那
些同样具有反抗热情的人的目标。麦克莱说，他们偶然发现了补救方法，
那就是在家庭中，父母与子女为友，而非为敌。这就是克尔凯郭尔所说
的平均化。我认为他是在忧虑通过反抗实现个性，因为这实际上是一种
虚假平等包装下的软性专制。[13]

　　平均化与我们随时准备"转变"密不可分，变得能以第三人角度反
思，透过表征审视自己。克尔凯郭尔这样描述：

　　　　我们在更高关系层面重新思考生命的关系，直到整代人成为
　　　　代表。很难说代表了谁，也很难发现是为了谁。一个叛逆的年轻

人不再害怕校长，就像校长与学生讨论如何建立一个更好的学校一样冷漠。学生去学校不再意味着害怕校长，也不仅仅是为了学习，而是暗示了他对教育这个问题感兴趣。[14]

在这种情况下，我们的私人对话与公职人员的话语类似。当今时代，一个人可以和任何一个人交谈，必须承认人们的观点极其睿智，但对话给人的感觉像是在和匿名者交谈。这就是健身房服务员留给我的印象。

当我们以这种方式转变，我们的判断是客观以及全面的，全然不管表达者是谁。克尔凯郭尔展现了这种平均化的文化本能正走向可笑的极端："在德国，甚至有为恋人打造的常用语手册，这使得恋人们坐在一起却不知在与谁交谈。"

恋人之间应是仰慕对方身上超越自己的闪光点。如果这种仰慕持续得不到回应，会变得具有压迫性。在神话中，爱神厄洛斯是个暴君，成了民主道德的污点。人最终会憎恨心爱之人，就像奴隶憎恨奴隶主一样。正如我先前所言，反抗的那一刻就是不堪入目的开始，不在乎恋人的优点，开始随心所欲地贬低对方。这种做法招致了真正的危险，在自吹时可能被人击垮。他会发现他所想象的亲密感是不切实际的幻觉，因为他没有资格扮演对方的仰慕者。做出性暗示的风险远大于在派对或俱乐部当 DJ 的风险。他想献上自己的性格清单，希望他人发现自己的可爱之处，产生共同情感和真实连接。

克尔凯郭尔描述了这样一幅沉闷的画面：男女坐在一起，用恋人常用语手册上认可的表达公式进行对话。我猜想，他只是拿德国人开了个玩笑而已。但是哲学家的玩笑也许没那么可笑，因为它更加充分地揭示了荒谬变成了社会规范。这里的玩笑只是简单的描述。克尔凯郭尔似乎已经预想到了，在性"透明"的管理氛围下，应鼓励我们怎样去谈论关系。

美国人性行为的发展，可能是从20世纪90年代早期的校园里开始的。回想一下，那时候学校教育学生在触摸对方某些特定部位前，需要明确得到对方的同意，就如同对待准备对你进行贴身检查的安检人员一样。从管理人员的角度来看，男女类似，人人都是公民，每个人都代表理想的自治主体，都要开始进行符合要求的谈判。

在过去的15年里，色情文化展现了另一面的男女，展现了另一种不同的展现自我的方式。现在色情信息的种类和交易充满了想象力，比如我的朋友抱怨他的恋人会发出"标准的色情声音"，这可能缓解了现实生活中亲密感的困境。色情解决了问题，并降低了风险。通过人的主要欲望，可以免于任何社会规范，一个人可以毫无保留地将自己完全展示给另一个人，且不知道他会有什么样的反应。这种暴露像是一种严重的他治。当你极度渴望你能够拥有非法欲望，而你最邪恶的自我能因其邪恶而被接受时，你很难保持冷静和自制。

仅仅是无穷无尽的下拉菜单提供数不胜数的网络色情选择，就能摧毁任何你可能有过的在越轨的性体验中的感觉。那时你的灵魂处于危险之中，周围充满诅咒。不管你喜欢哪种，总有符合你趣味的网站。如克尔凯郭尔所说，我们都是一些琐碎事件中的少数部分。这令人感到宽慰。就目前来看，若没有性欲的干扰，人仍能保持冷静自持。

健身房管理员通过抹去自己，以更好地代表他人颁布民主制度的庄严规范。克尔凯郭尔的观点很有趣，他认为高举代表他人的旗帜，隐去个体，这种做法似乎从公共生活向内蔓延到私人关系。

　　这在心理学上值得研究，它必定符合了某种需求。假设克尔凯郭尔是正确的，与他人真正的连接取决于差异化。人与他人相遇，比如通过性行为，或学生遇到重要的老师。人感受到自己是不完美的，因而需要他人。人大胆地展现自己，暴露自己的缺点，遭受他人的冷眼，期待他人会变得温暖。

　　这会威胁将尊严建立在自我责任和自我满足理念上的自我。这其中就包含着要将自我和他人视为一般普遍事物，因而我们之间就失去了互补性，没有差异和依靠，只有可替换的自治主体，形成无关痛痒的关系。

　　这是一种彼此之间去色情化的关系。在自由主义公共文化中盛行的注意力生态，是一种能将人礼貌隔离的生态。

12

统计学上的
自我

The Statistical Self

　　我很有兴趣知道克尔凯郭尔是否读过托克维尔的《论美国的民主》
（*Democracy in America*），因为在这本书中，我们也发现独立理想和将
自我视为"代表"的倾向，二者之间的联系有违常理。托克维尔感到震
惊，因为他发现，如同新教徒拒绝任何牧师权威一般，人们期待美国人
对任何事物都足以形成自己的判断。这并非一项杰出的成就，也不是一
种在生命中逐渐发展的能力。这是从一开始就有的道德责任，从小学时
人们就开始受到这样的教育。

　　当然，我们也遇到了一个问题：我们不具备为自己判断每一件事物
的能力。我们不指望遵循惯例或已有的权威，所以我们环顾四周观察其
他人在想什么。成为个体使我们感到焦虑，只有顺从一致才能缓解这种
焦虑。于是我们对公众观点变得更加顺从。

　　这个例子似乎符合托克维尔的观点。《金赛性学报告》（*Kinsey
Reports*）对美国人性行为的研究引起了公众的热切关注，可能因为它出
现的时候（1948 年和 1953 年）正值既定的规范正在逐渐失势。每个人
都只有他自己，人们想知道他们是否"正常"。唯一可用的规范，唯一
不被战后席卷美国的弗洛伊德学说贬损为"压迫"的规范，就是数字。
其他伴侣之间多久发生一次性行为？平均数是多少？标准由中间值所决
定，而非来自宗教禁令或父母引导，也不再依靠有教养的、自负的唯信

仰论（antinomian）来判断自己是堕落者或是罪人。这似乎符合克尔凯郭尔所说的"反抗的灭亡"，这是崇敬和顺从灭亡后所导致的必然结果。人们通过"代表"定位自己，此处的"代表"是统计学家赋予的意义。

平均美国人

萨拉·伊戈（Sarah Igo）在《平均美国人》（*The Averaged American*）中，讲述了关于社会调查是如何诞生的有趣故事。[1] 尽管未提到托克维尔或克尔凯郭尔，但伊戈准确详细地论述了矛盾的文化逻辑，而自治理想正是借助这种逻辑，为大众化铺路。

第一份《金赛性学报告》的发布在当年轰动不已，一位评论家称它是美国人了解彼此事实的一场革命。之所以能将这些发现作为社会科学事实，是因为金赛声明报告的取样具有代表性。然而，这份报告也遭受了来自方方面面的质疑声，有些甚至颇为惊恐，常常攻击所谓的代表性。人们都乐此不疲地探究着，金赛研究中的受访者究竟是否具有代表性。

金赛本身是个很有趣的人，他曾经是个昆虫学家。鉴于此，他表现得像一个科学界人士，只是碰巧将研究的兴趣从甲壳虫转向了人类性学。但事实上，作为美国中西部令人尊敬的教授，金赛的性体验偏好却不传统，这份报告的初衷似乎就是要协调这两点。推进他研究的精神力量来自他对"虚伪"的憎恶和实现全世界性解放的渴望。解放当然就需要真诚，需要开诚布公。

第一份报告发表后，人们都热切地希望成为第二次研究的参与者，甚至排起了长队。伊戈写道，在不计其数的受访者身上，成千上万人试图并成功从数据上找到了安慰。参与这些调查所寻求并最终获得的精神利益就是，找到自己在可能类似的群体中的一个身份，尽管其他人是匿名的。因此，这些报告起到了大众心理治疗的作用，金赛接受了治疗师这个非正式角色。对于匿名受访者的身份，调查涵盖了专业人员、上流阶层、受教育者等分类。人们通过金赛和其他人制定的社会科学分类审视自己。

在许多案例中，参与者会继续写信给金赛，追踪、更新、阐述、修正他们在之前采访时所回答的性历史和性行为，自我理解的新模式因此变得更加深刻和清晰。采访时长设定在两小时，但通常实际花费更长的时间。伊戈认为，许多参与者将金赛的采访视为他们的真实历史，因此他们想要将记录不断完善。当然，在接受采访时，参与者有权决定是否有所保留。一名参与者说："你不是在给人留下印象，你只是个数据。"也正是如此，参与者在其中不以个人身份出现，因此摆脱了与陌生人谈论性行为时存在的尴尬。另一名参与者说，在接受金赛采访时，就像是在谈论他人，而非自己。

伊戈认为，社会调查使人们以这种方式谈论自己，因而起到了教育作用。调查促进美国人"客观"地看待自己的生活，将他们的经历视为"样本"，用社会科学家而非自己的语言告诉自己他们是谁。民意测验专家乔治·盖洛普（George Gallup）称"样本"为"中性词汇"，用克尔凯郭尔的话来说"中性词汇"就是鼓励使用者成为自我的第三方。

一名异装癖者给金赛写信，谈起他的性历史，开篇就说："你会发

现我的个案史十分典型。"他这样说可能是为了显得自己久经世故，然
而他的久经世故并没有因其独特性而掩盖。

　　调查研究开始于 20 世纪二三十年代，由乔治·盖洛普和埃尔莫·罗
珀（Elmo Roper）领衔。他们的公司之后一直继续发布调查报告，至今
这两个名字仍然被大众所熟知。伊戈认为，民意测验支持者认为这是"建
构理性公民"的一种途径，也是使民主更民主的一种方式。随着欧洲陷
入法西斯主义，盖洛普尤其积极地宣传他对民众能做出正确决策的信
心。伊戈写道，民意测验专家所谓的民主是基于个人能够表达什么，并
且知道自己在表达什么。但是想要表达并且知道自己在表达什么，人就
必须首先脱离他们的社会环境。如同洛克关于"自然状态"的思维实验，
就像我们在插曲部分讨论过的，在这种状态下，没有所谓的权威，人只
遵从自己的理性。

　　盖洛普和罗珀从随机挑选的陌生人中制造出了纯粹统计学意义上的
公众。这一孤立的陌生人集合体是全新的，不同于任何实际的群体。伊
戈认为，民意测验专家采用科学取样以更好地倾听"普通人"的声音，
但创造出了平均、抽象的公众观点，这种公众观点将观点与样本来源分
离开来。

　　"理性"公民显然是脱离情境的公民，恰恰与情境中的自我相对立。
民意测验专家的教育计划与康德所提出的将自己视为"理性存在"的普
遍范畴相匹配。在民意调查中，默认的人类学也与托克维尔所认定的文
化思潮产生了共鸣，比如美国人随时准备动身，迁移到某个遥远的地方，
在那里谁也不认识谁。在 1991 年一项颇具影响力的研究中，研究跨文
化差异的社会心理学家指出，抽象、脱离情境的自我描述，形成了美国

人独立的自我观念的核心。与日本相比显然不同。[2]

　　某些民意测验专家花言巧语、自吹自擂，通过制造没有社会压力的情境引诱调查对象表达他们的观点，帮助他们了解自己的想法，这一举措使美国人更加强力地反抗任何左翼和右翼的准权威。这种民主的英勇在金赛的调查中也可见一二，调查中的权威就是各种不同的性伦理学者。但是从宗教、地域、家庭等实际群体中的文化权威解放出来，似乎导致了一种孤立感，只有发现自己是"正常"的才能缓解。所以研究常态的专家成了新的神父，提供共享数据，安抚我们的灵魂。敏锐的现代评论家莱昂内尔·特里林（Lionel Trilling）称，《金赛性学报告》建立了"性学群体"，我们从数字中发现了这一群体。我们必须通过统计科学使自己安心，孤独只是想象罢了，数字带来了慰藉。

堆叠的自我

　　目前，问卷调查出现了有趣的转折。它们不仅仅产生平均化的效果，通过抽象化和再聚合，也产生了分化效果。在做市场研究时，伊戈认为，民意调查公司最后发现它们的对象和"公共"一样模糊，但是更关注人口统计群体。同样，社会统计学使人进入新的集体或形成少数意识。我们可以称其为"第一批虚拟群体"，其成员在空间上相互分离，不认识彼此。例如，金赛的调查中，同性恋普遍性的数据成了同性恋者维权运动的工具，似乎也成了同性恋身份的认识基础。伊戈认为，社会科学数据虽然为塑造自我带来了限制，但更为群体和自我主张创造了新的可能性。为塑造自我带来了新限制是因为，社会调查成熟时，它所创造的教育基础不是服务于大众社会的，而是服务于一个不同人有不同归属的社会。这促进了陌生人之间形成新的连接，即便侵蚀了原本的家庭、宗教和地域联系。[3] 作为家庭、宗教和地域的一员，同性恋者往往会隐瞒自己的特殊性向。随着身份政治理论的兴起，同性恋者会公开身份，进入自己所归属的团体中。

堆叠的自我非常乐于接纳社会科学所提供的自我理解的不同类别，可能会、也可能不会比他们呈现出的公共自我更加拘束。假设在任何情况下他们都不怎么扭曲自己的生活体验，我们就该从本书的论点出发重新探讨：社会权威的固定形式只会对真实自我造成阻碍。与之相伴的是另一种假设是：科学的本质是解放，服务于真实自我。

伊戈注意到金赛试图揭开普通美国人在其性生活中真实的表现是什么样的，从而将他们从社会规范中解放出来。但他的性行为研究，以及围绕研究产生的全国大讨论，所产生的最重要的后果就是公众一起塑造"正常"的私人自我。[4] 金赛试图为人们认为不正常的性行为洗刷污名，展现其普遍性。这种公开宣扬的结果使人在所谓的常态之外无处安身。[5]

个性已经过时

仅仅担忧当代个性将何去何从，可能显得有些过时。这好像是 20 世纪 50 年代至 70 年代应该考虑的事情。"顺从一致"是半个世纪以前人们最大的烦恼。

现在，我们沉迷于"群体智慧"和"蜂巢思维"。网络本身正在产生超强的全球智能，这种集体思想比任何个人都更多元、更简要，也更综合。这不就是智能的基本特征吗？当然所有对群体的热爱与硅谷对知识产权的厌恶完全对应，事实就是整合"内容"比创造"内容"更赚钱。正是整合者控制了广告商，创造机会抓住消费者的眼球。

可以将狭义上的意识形态视为观念，并且是恰巧与其支持者的物质利益一致的观念。这种结盟为观念注入了更强大的精神力量，如果该观念的捍卫者保持清醒的意识，力量会更强大。他们的热情会对外产生感染力，被无利害关系者所接受，尽管这样显得很幼稚。

我有时会去本地的一所知名大学的图书馆里写作。像现在的许多大学一样，这所大学也致力于标榜自己走在潮流尖端。你买一杯咖啡，会赠你一个杯套。学校利用杯套上的空间宣传学生的成功事迹。一次，我拿到的杯套是宣传一名参加继续教育学习的学生，并配上了文字"硕士学位使她从作家升级为内容专家"。显然，这位年轻的女性从作家"升级"成为可以汇集他人作品的人。对我而言，这听起来更像是退步。在无数细节中，在任何一个看似琐碎的方面，这所文科大学都是在不假思索地重复硅谷的想法，这种想法可能会破坏学习人文科学的基础。套用米兰·昆德拉（Milan Kundera）的话，这所大学已经成了"挖掘自己坟墓者的最佳同盟者"。[6]

杰伦·拉尼尔批评了这种思想，认为这是一种"新网络集体主义"，以维基百科等方式出现，并成为谷歌等公司的指导精神。拉尼尔2006年写到网络时曾说，"过去一两年的趋势是要去除人的痕迹，以便尽可能接近从网络中产生的内容，就如同是超自然的神灵在向我们说话"。他指的是"共识网络过滤器"，能够整合其他网站的材料，这些网站本身也是集合了其他网站的材料。我们现在阅读的是由集体算法层层衍生出来的内容，究其根源就是整合了一帮匿名业余作家所写的东西。

拉尼尔指出，这些变化不只局限于网络文化。迷恋集合，抬高集体，正对美国人如何做出决定产生深远影响，政府机关、公司企划部和大学无一幸免。作为一名顾问，拉尼尔曾被要求为了解决问题而测试一个想法或提出一个新想法。他说："过去几年里，人们对我的工作要求发生了巨大变化。你可能会发现，我和其他顾问在填写调查问卷或调整编辑一篇集合而成的文章。"

拉尼尔认为，集体主义之所以在大型组织机构中受到青睐，是由制度原因引起的。如果原则是正确的，那么就不该要求个人承担风险或责任。这一点十分具有吸引力，因为我们生活在一个充满不确定性的时代中，同时我们对责任充满恐惧，我们必须在不忠于任何人的制度中活动，更不用说任何低水平成员。每个害怕在其组织机构内说错话的个体，当躲到网络或其他集合中时都会感到更加安全。

在他自己参与这类程序的过程中，拉尼尔称他看到的是洞察力的丧失，不尊重审慎判断后的细微差别，越来越倾向于神化的官方制度或标准教条。

让我们将这一变化放入更大的环境中，就能更清楚地看到我们在其他情境中文化逻辑的延续性。随着20世纪80年代的里根－撒切尔改革，企业家形象逐渐成为我们的自我经济形象。个人主动性是个人价值的标准，所有的商业畅销书都认为层级制的商业公司顽固守旧。新的理想是每一名员工，由高到低，都应有企业家精神，并展示自治行为的优势。当然，员工现在也面临着企业家精神的危害：彼此间竞争的日益加剧，与别国员工之间更是如此。忠诚的概念被流动性所取代。对于职业生涯稳步积累的经验和专业知识的期待，被认为只是胆小怯懦罢了。对于工作的叙事模式分解为永恒存在的孤立片刻，每一刻都同样充满了机遇和不安全感。

20世纪80年代工人的离散化，为拉尼尔所提出的新集体主义扫清了障碍。当然，这听起来似乎矛盾，但托克维尔很久以前游历美国时就曾说过，这个矛盾存在于个人主义的核心。

托克维尔来到美国时，看到高度的流动性和机遇，这就是他所说的"民主社会状况"的一部分。尽管流动性和机遇带来了不少好处，但随之而来的还有不安全感：你可能一败涂地，也可能功成名就。在欧洲相对僵化的社会体系下，个人财产几乎不会发生巨大转变。这为形象管理提供了一定程度的自由。每天践行个人社会价值或表达正确观点，都不需要改变形象。托克维尔在欧洲看到了更大的思想自由，个体更加丰富的多样性。尽管对传媒业多加限制，但作者装模作样的自我审查仍然很少。

自我观念是变化的，因为它不受当前环境的影响，由民意调查公司与洛克和康德创造的脱离了"理性公民"的情境，依赖于某种人类主体。艾伦伯格曾这样说道，行动只来源于实现它并为它承担独立责任的主体。这种个人主义行为观难以与经历协调一致，比如你在百思买集团（Best Buy）总部担任中层经理。在这种情况下，因果关系链可能对你而言相当不明朗：在整个集团中，有一些事件正在处理，有一些正在做出决定，但你一无所知，因为这是由你的食物链上端来操作的。在《摩托车修理店的未来工作哲学》一书中，我写到了一些社会学发现，这一岗位上的工人用十分巧妙的方式规避责任，主要是语言尽可能模糊空洞，一旦情境所迫，便可以为自己重新解释保留最大的空间。显然这个新策略是为了躲在拉尼尔所说的"网络或其他集合"之中。的确，避而不说、退居后台是十分明智的，似乎你的思想和言语会导致把事情归咎于你。相反，人会选择表达目前主流的观点，同时配以必要的生动表现，即个人主动性。

注意，这些变化是否符合托克维尔的观点，即美国人思想的大众化是为了负担个人责任。为了应对与自我之外明确的权威责任所隔绝的感觉，自己失去了引导和支持，感到孤立无援。在这种情况下，你会寻求任何可以提供庇护的地方，然后发现人多就会有安全感。但现在你却发现自己受制于一个无形的权威：从集体中散发出一团灰色的迷雾，没人对此负责。很难看出这团迷雾是从哪来的，无法避免，也难以提出异议，就像健身房天花板扬声器中播放的音乐。

抛开当下

当自我主权需要我们否定对过去的继承，不将其作为行为和意义的指导时，我们就将自己困在了永恒的当下。如果主观主义反对能够产生真实个体的群体集合与传统，那么反之是否也是如此？那些依靠既定意义形式的群体能创造个性吗？这是下一章我们将探讨的主题。

但这里，我们遇到了一个方法论问题。一方面，说起一般的"群体"，必然会认为这是理想主义的废话。不会有什么教育意义，可能会警示一些人：他们保持着启蒙者的警惕性，抵抗公共权威对个人塑造自我产生威胁。这很容易触发防御反射，同时对于对立面那些渴望"消失的群体"而言，这也会触发他们的情感反应。但我不想重提尘封已久旧文化战争。

另一方面，不谈普遍性，转而深入挖掘某些技能实践群体的特殊性。这对专业性提出了高度的要求，因为群体成员在乎的就是特殊细节，我们正试图理解他们的动力是什么。读者对于巴洛克管风琴历史和技术细节可能了解有限，我也是在偶然间才发现了一群致力于制作管风琴的工匠。在这之前，我对此也是毫无兴趣。

如果读者对此仍感兴趣，接下来我将试图解决这个困境。这种传承使得自我处于某种情境中，促进了独立判断的形成。至于接下来的叙述是否落入了"怀旧"的陷阱，将由你自己判断。在任何情况下，任何对于工艺的描绘都自然会唤起情感，我只是试图捕捉场景中最吸引人部分的浅显内容。

THE
WORLD
BEYOND
YOUR
HEAD

第三部分
传承

INHERITANCE

13

制琴商店

The Organ Makers' Shop

　　世界上最精美的几架管风琴都出自乔治·泰勒（George Taylor）和约翰·布迪（John Boody），以及他们在弗吉尼亚州雪伦多亚河谷的工匠团队之手。这项工作，要求员工深入了解文化历史和制作细节。他们之间具有错综复杂的师徒网络，匠人遍布世界各地，在各个商店里从事着类似的工作。这一师徒网络中，有在世的，也有去世多年的，相互之间竞争异常激烈。他们试图超越彼此，制作出最精美的管风琴。这项工作都有其特定的历史和社会情境，要求从业者作为手艺人不断发展进步，就如同历史长篇中的某个时期一般。

　　在美国，师徒制被视为一种狭隘的教育方式，因而受到批评。经济发展需要的是聪明的工人，我们期望他们不为某种特定的技能或知识所累。他们需要的是通用的才智，能确保进入名校。这符合自我不受阻碍的理想，也符合康德所提出的将自己视为"理性存在"的劝诫。经济本身就是变化的；谈起"改变"，就好像这是价值创造的标准。因此 21世纪的教育必须把工人塑造成具有特定性、可以随时改变的材料，而且越不受环境限制越好。

　　深入了解某项特定技能或艺术，能训练你的注意力和感知能力。你对于所处理的对象越敏锐，如若进展顺利，你就会开始本能地关注品质，关注所从事之事的规范准则。通常，首先由导师进行示范，他会具体展示技艺的精髓。一些细节外行人或许难以察觉，但你会从导师的言语中听到嫌恶，也会在他的脸上看到喜悦。由此，导师在评判中也融入了情绪的变化，在波兰尼所说的个人知识中达成了统一。此种情境中的技能训练，尽管直接应用的范围有限，但可以作为广义教育的一部分：智能和道德的培养。

技术人员在传承的悠久传统中工作，与当下英雄一般实现从 0 到 1 的创新者企业家截然不同。后者在加利福尼亚的一间车库里独居，酝酿成果，然后成功地破坏我们，解救我们。[1]

在我与泰勒和布迪的谈话中，我发现，对制琴这项传统工艺的继承似乎不是这些手艺人的负担，反而使他们再接再厉、努力创新。他们预设自己现在制作的管风琴还能再使用 400 年，这种对未来的导向需要利用过去的核心设计和制作方法。他们向过去的大师学习，探究他们的智慧，带着崇敬与反抗深入与他们进行辩证对话。因此，在技艺和理解上，他们自身的进步将产生更大影响。他们获取的独立判断代表了技艺本身的精进。这为传统不断进步提供了可能性。

这个故事与我们目前的经济发展有关。随着全球劳工市场的形成和自动化技术的进步，发达国家自然不会再有大量人员从事制造业。我并不是建议必须如此，但有迹象表明现在正是美国小批量、专业化生产复苏的时刻，可能在其他地区也是如此。

可以毫不夸张地说，当你听到人们谈及某种新型数字工具大幅降低了原型设计的成本时，他们的声音中充满了激动和兴奋。尽管泰勒和布迪看似古板守旧，他们也使用了一些数字工具。设计想法可以变为现实，无须冒巨大的经济风险就能试用。这使小工匠、发明家和那些可能再次名扬天下的美国传统行业，能够尽情地发挥优势。然而，在弗吉尼亚乡下数十年的管风琴商店，还在与前几个世纪的大师进行对话的商店，可能为新的"新经济"提供指导。

泰勒与布迪

管风琴之于巴洛克时期就如同阿波罗登月火箭之于20世纪60年代。管风琴是备受瞩目的、极其复杂的乐器，揭开艺术的面纱，管风琴成品是知识与合作的结晶。把它安置在一座城镇的教会中心，它模仿着人类的声音，却更加有力，召唤会众集合一起发声，主要是为了赞美超越人类创作的伟大光辉。会众也会注意到这赞美的音乐，本身就是极好的。

一架大型的管风琴同时表达了虔诚和骄傲。后者或许非常不加克制，经常使圣坛相形见绌。但似乎这些倾向在集会中都模糊化了。当演奏者弹动所有的音栓，管风琴完全发声时，彩色玻璃都会震颤，整个房间似乎都要发射。演奏者把重心向右移，左脚放在最左边的踏板上，也就是低音 C 的位置。他重重踩下，空气快速穿过巨型音管，以至于吹散了屋顶上上帝挚爱的鸽子。人们听到上帝自己的管风琴声充满了教堂，此时随之而来的是赞美：哈利路亚！[2]

成为制琴师，有一点亵渎神灵的感觉。然而他也必须抱以崇敬之心，因为管风琴历经传承而来。这就是制琴师的矛盾之处。

为赴与约翰·布迪之约，我从里士满沿着 6 号路一路驾车向西至亚富顿，在斯汤顿附近进入希伯伦路。这是一条狭长的柏油路，蜿蜒穿过奥古斯塔的养牛场，一直到爱迪生小溪流过的地方。[3]泰勒和布迪所在的地方以前是一座校舍，位于一块高地上，高地径直穿越古老的墓地和教堂，那是希伯伦长老教会。他们白手起家，开始制作管风琴。他们使用锯木机，选用当地木材，自己铸造铅锭和马口铁。现在共有 16 人在此工作。最精美的管风琴每架大约值 200 万美元，而且卖得不错。

墓地的界标石始于 1746 年，这让我疑惑，那些埋在希伯伦路上的人会认为巴赫和他们同属一个时代吗？可能预料到巴赫的某一作品会演绎出新的版本吗？我拉开商店的门，里面的一处角落洒满柔和的阳光。我走上楼，进入内门，一小段木制楼梯嘎嘎作响。在一些老建筑中，物件使用过的光泽，以及其固定的用途，都会使我们的感官受到冲击。在这里，人会受到指引，好像是长期从事某项活动的人们留下的痕迹在指引着我们。

内侧的门打开后是一片开阔的空间。朝西的窗户外是一片农田。窗下是工作台，看起来像是自然生长在那里的。工作台上放置着刨子、凿子和其他细木工匠的手用工具。房间里有一块木质的、形状类似于航天飞机的东西，它是 57 号作品，将用于纽约匹兹福德第一长老会教堂。制琴师与作曲家一样，用连续的数字来命名他们的作品。未及细想，就有一个手里拿着凿子的大胡子问我："你是做古钢琴的吗？"

我赶紧回答道："约翰在吗？我来得有点早了。"不管古钢琴是什么，我都不会做。

"从那几扇门穿过去。"

穿过门后是一间较小的房间，靠墙四周摆放着榫眼机、钻床、磨机、陈列台和其他我叫不出名字的工具。房间里有两个人，一个 40 岁上下，长发；另一个 50 多岁，短发。

　　"嘿！我找约翰。"

　　"布迪吗？穿过那几扇门，橘色的那几扇。"年轻的那位回答道。

　　橘色的门打开后是个大房间，这间比校舍要现代些。一面是卷帘门，朝阳，房间内有木工车间里所有的设备。一个吸尘装置经由镀锌管连接在各个机器上。约翰·布迪看起来大约 60 岁，戴着耳塞，穿着牛仔裤和蓝 T 恤，站在一架 20 世纪 60 年代约 30 厘米大的三角洲台锯前，正在处理一块精美的胡桃木。他看到我，向我招手，然后继续锯他的胡桃木。他将胡桃木的一半推进锯子，走向出料台，然后将另一半推进去，再把机器关上。他走过来，愉快地和我打招呼，仍然戴着他的耳塞。

　　"我来早了，如果你在忙的话，我可以等一会儿。"我大声说道。

　　"没事。"

　　他从墙上取下一卷空气管，吹吹身上的黑色木屑。"你想看音管的制作吗？""好的。"对话直截了当。在音管商店里，布迪向我介绍了杰夫·彼得森（Jeff Peterson）。杰夫看上去 50 岁上下，沉默寡言，头发很长，文着文身，感觉像个老派的自行车手。他的工具箱里赫然陈列着哈雷徽章和一套显眼的泳衣。杰夫正在使用一种叫作木工刮刀的木刨，向自己这边一下一下长长地划过来。但他不是在削木头，而是在削一种特殊的铅锡混合薄板，金属呈碎条状剥落下来，有点像刨花，但不卷。他递了一片给我，我发现是软的。布迪解释说铅和锡的固体钢锭，用火炉熔化，再以适当比例混合在浇筑平台上注入长板中，逐渐变得紧实。完成这一铸造过程后，用落锤击打板面。这个落锤是 19 世纪留下来的一件古老的机器，紧挨着浇筑平台放置。通过击打韧炼金属，使其更具延展性。杰夫对它进行刮削，使它看起来更具历史感。罗比·劳森 (Robbie Lawson)，30 岁左右，潇洒秀气，坐在工作台旁，旁边有打印出来的数字、测量工具和这些专有的金属板片。他用测微仪测量厚度，然后在上面标注出圆锥体展开后二维形状。这些标线是用于剪切金属板片的，然后他会将其卷成锥形的木质芯轴。最后，杰夫将每一部分沿边焊接在一起，形成管风琴的圆锥形管脚。罗比从前是大众汽车的修理工，1996 年才来到泰勒和布迪的店铺。杰夫一开始是俄勒冈州尤金的罗杰斯管风琴公司的工匠，和泰勒、布迪一起工作已经快 17 年了。

　　他们今天要做的是管风琴修复工作：还原 1830 年亨利·埃尔本 (Henry Erben) 制作的管风琴。这架管风琴失去了最低的三根音管，大约在 170 年前"借给了"另一架管风琴，尽管后来重新找到了，但是在历经磨难之后，风管发生了变化，末端被砍掉了。其他的音管也变得易碎，末端有些碎裂，要把这一部分焊接上。整个单簧管音栓不见了。音栓的作用是：当管风琴演奏者"推出音栓"时，操作管风琴的圆形凸钮，一系列音管就会发出声音。音管通常模仿某种乐器的声音，这里就是单簧管。其中有些乐器可能已经消失了，只作为管风琴的音栓而存在。布迪解释说，修复损坏的管风琴，制作遗失的部件，这种工作很典型。欧洲的管风琴经历了最糟糕的历史，尤其是在第二次世界大战期间，有的管风琴被熔铸为军需品，很多教堂都遭到了轰炸。在修复的过程中，杰夫和罗比复制出原本管风琴的细节，从另一架埃尔本管风琴复制单簧管音管。布迪说，凭经验来看，修复一架管风琴的成本是重新制作一架的两倍之多。

企业家

我们从管风琴商店出来之后去了布迪的办公室，他选择旧大楼里的一间房间作为办公室。在办公室角落里放着一个火炉，桌上的架子上摆放着用来装建筑图纸的画筒。地上还有一个架子，上面放着白色图样的木板，标满了难以理解的标记、小孔和不同语言的字母。在布迪的书桌上，凌乱地摆放着各种工具和书本，既有古老的，也有现代的，显然这些都是他正在使用的。一把短刨刀挨着一包未拆封的锯刀片；在复写版的敦·贝多斯（Dom Bedos）的《制琴师》（*The Organ Builder*）旁边，放着现代木工机器目录。其中附有图纸的插页详细展示了精细的机械详图。这本书原先出版的时候是狄德罗编著的《百科全书》（*Encylopédie*）的一部分。约翰·布迪阅读德语、瑞典语和英语写成的技术论文，有些是以哥特体印刷的，需要具备阅读古字体的能力。作为一名学者、音乐家和匠人，他像是来自另一个时代的人文主义者。

布迪邀我坐下。我问他是如何走上制琴之路的，他说早在中学时就参加学校的每一堂工艺课。上大学后，他主修音乐，专门从事声音研究。一路走来的历程使他爱上了管风琴，它既是一件乐器，也是一件经过能工巧匠制造的工艺品。"大学一年级时，有人送了我一架小管风琴。"他说。这是一个他能够发挥心灵手巧的领域，同时也具有审美趣味。但是一件与古撒克逊人的大教堂有关的乐器，为何会在弗吉尼亚州的斯汤顿进行制作呢？因为泰勒和布迪主要制作巴洛克管风琴，在制琴师所说的巴洛克复兴中享有显著的地位，或者说在更大范围的管风琴改革运动中意义非凡。

我问布迪他们是如何开始做管风琴生意的。他和乔治·泰勒在俄亥俄州约翰·布罗姆巴夫（John Brombaugh）的管风琴店里共事了7年。布罗姆巴夫师从德国制琴大师鲁道夫·凡贝克雷斯（Rudolf von Beckerath）。说起在布罗姆巴夫店里的那段时光，布迪说："我们共同制作了约30架管风琴。布罗姆巴夫很有创造力，他想到要回归管风琴制作的历史基础。他对16世纪、17世纪德国北部的管风琴着迷，所以他去当地进行研究。布罗姆巴夫彻底地回归从前，与乔治和我，还有其他伙伴，共5个人合作，这是一项令人担惊受怕的工作。虽然有一个老板，但是我们5人共同承担所有的经济损失。我想，一年间我们每小时赚30美分。但是我们逐渐形成了一个理念，还原制琴的历史原则并坚持做下去。我们也这么去做了。"

后来，乔治·泰勒和约翰·布迪开始自立门户。布迪说："布罗姆巴夫给了我们一份订单，就是我们的2号作品。我在屋子后面的车库里完成了它。1979年，我们不愿意紧挨着米德尔敦这座钢铁大城，于是我们南下来到了这里，周围转了转，发现了这座大楼。就像一辆东行的货车，带着所有家人和家当，以及家具、木材、工具和机器。我们搬来了这里，用了9个月的时间进行翻修。自那时起，这里就是我们的家，我们从未离开。好吧，或许后悔过，但是为时已晚。现在我的儿子埃里克也在这里工作。"在管风琴店里，有许多工人在学习，包括40年前泰勒和布迪自己刚开始起步的那家店。汲取历史的灵感，制作管风琴，似乎是一项群体的事情，涉及错综复杂的师徒谱系。

"那时候我们都很年轻，朝气蓬勃。当时我们30岁左右，觉得自己无所不能，对于历史原则坚定不移。生意之所以能做起来，一部分是因为胆量，一部分是因为无知，一部分是因为规划，以及命运和运气。你和对的人联系在一起，他们想买你的作品，并向你支付报酬。"

运气的一部分是文化时机恰当。"20 世纪七八十年代，早期的乐坛刚开始蓬勃发展。所有的羽管键琴制作者都很忙碌，录音机和木笛制作者也都是如此，场面十分壮观。后来，强者生存下来，更加集中化，不像过去那样分散，市场也没有那么大。当一种流派没落时，另一种就会振兴。2007 年的天主教徒追求高质量的音乐，因为教皇对此感兴趣。他是德国人，是个钢琴家，会鉴赏管风琴。教皇再也不希望天主教堂里出现吉他乐队。"布迪说 guitar（吉他）这个单词时，重音会落在第一个音节上。

我问到教皇是否传达了这一指令，他说："哦，是的！在得克萨斯州的圣玛丽教堂，20 年前他们损毁了原来的管风琴，后来以电子琴取而代之，现在他们想买一架新的管风琴。我认为这是教堂的一件大事，是文艺复兴的延续。我认为人们是保守和传统的，他们渴望寻根。在这一教区，他们仍做拉丁弥撒。他们以前在密室里做，所以没人知道，现在可以公之于众了。"

对寻根的渴望创造了一系列复杂的需求和机遇，泰勒和布迪必须对此做出应答。布迪说："我们处于一个奇怪的境地，因为我们在这里，重塑有历史意义的东西，还去了欧洲学习和研究。但是我们很怪异，我们试图谋生，因而务实，所以井然有序地安装各种部件，达成合约价格。这对于我们所制作的东西来说简直疯狂。我们必须使它技术上能够运转，否则顾客就会回过头来要求我们返工。同时，这件乐器必须有真正的气质，这就是人们愿意花大笔钱要我们去做这项工作的原因。所以我们在挣扎，希望能够做好这笔生意，同时也能够尽可能地保持真实。贯穿着我们事业的就是彻底的真实。"

交谈之际，布迪说到了现代化的洪流。在某一时期，制琴是百分之百工业化的，但是效果不佳，无法令人满意，所以开始整顿。当时仍然可以用电子琴，但是只有一部分人接受。布迪大手一挥，指向他的制图桌，上面摆放着一张刚用铅笔描绘的图纸，这是他最新的一笔订单。他说："它完全是手工制作的，有些人愿意为此出高价。他们意识到手工制作的乐器音乐效果更加出众。这就是唯一的理由。"

事实上，对于泰勒和布迪这些人所制作的管风琴的需求，是出于令人震撼的音乐体验，发现声音历经沉淀。曲折变化，必须借由考古研究予以恢复，这是出于音乐考量的工程项目和文化项目。

管风琴战争

不同于钢琴，管风琴制琴师能够尝试各种奇思妙想，呈现多种多样的表现形式。这是一件变化的乐器，也会随民族文化和不同教派的礼拜仪式而变化。礼拜仪式随时间而变，不同信仰群体所接受的建筑风格也随之转变。管风琴放置的实体空间在很大程度上决定了这一乐器的性质。早在500年前，管风琴制琴师就是音乐家、建筑师、集会者，甚至神学家。相较于其他乐器，固定放置的管风琴是处于特定情境中的物体，要理解它必须追溯其历史。

关于管风琴的持续对话可能是各方之间的争论。在各个时期都会爆发管风琴战争，并与人类灵魂利害攸关，从历史上全盘否定管风琴这一举动就不难看出这一点。迁入新英格兰的清教徒拒绝使用管风琴，认为它鼓励盲目崇拜和傲慢自负，是魔鬼的造物。东正教神学家帕维尔·弗洛伦斯基（Pavel Florensky）谴责管风琴，视其为文艺复兴人文主义的化身，是西方天主教的腐败，称管风琴发出的声音对于极其透明的正统礼拜仪式而言，太过迟缓、低沉和奇怪，感觉淹没在人性的黑暗中。[4]

　　管风琴爱好者的阵营中也有过争吵。20 世纪时，更多的是出于音乐上，而非神学上的考虑。但争论的激烈性表明了"现代性"正处于危急关头，与另一个时代的神学战争一样对人类灵魂产生重要影响。

　　20 世纪管风琴战争的第一枪由史怀哲（Albert Schweitzer）打响。在 20 世纪初，史怀哲首先对巴赫的作品进行的解读。1896 年，他来到了德国斯图加特莱德哈勒（Liederhalle），聆听报纸上报道的令人倾倒的新管风琴。史怀哲十分尊重这位管风琴演奏者。在自传《我的生活和思想》（*Out of My Life and Thought*）中，史怀哲写道："人们对这件乐器大为赞赏，我却听到了刺耳的声音。在兰格演奏的巴赫的赋格中，我感受到了声音的混乱，难以单独辨认每个声音。在这种情况下，现代管风琴反而意味着退步，我的这一预感瞬间变为了现实。"[5] 史怀哲又写了一本小册子，拉开了管风琴改革运动的序幕。

　　强调某物如何特别"现代"，在史怀哲看来是"不进反退"。要理解这一点就有必要了解那时管风琴的发展轨迹。那时的管风琴称得上是一个令人把玩的物品，令人震撼的是它的工艺之精巧，而非音乐之美妙。不仅如此，这一过程在史怀哲写作时积蓄势头，并在 20 世纪 30 年代达到巅峰。以大西洋城浮桥厅的管风琴为代表，音管超过 33 000 根，由总共 600 马力的鼓风机驱动，是巴洛克管风琴风压的 30 倍。《吉尼斯世界纪录大全》称其为世界上声音最大的乐器，可以发出震耳欲聋的声音，比最大声的火车汽笛响 6 倍以上。由于存在风压，所有的音管都被牢牢捆住，防止它们脱离，被吹到屋顶。最大的音管重达 1 360 千克，长达 20 米。它所产生的音调实际上称不上音调，只有 8 赫兹，大约就是军用运输直升机恰巧在你头上盘旋的声音。因此，人们抱怨这样的管风琴不悦耳。

"电就在这里"

史怀哲引导的改革，一开始反对以电控气动取代机械键盘。电控气动使操作更简单，能加大风压，以此提高音量，而使用键盘，压力不会增大。电控气动遥控装置不再依赖于键盘到音管之间的直接机械联动，可以对应不同的声音增加音栓。"交响乐队"管风琴由此诞生，它力求模仿交响乐队中每一件乐器的声音。技术进步带来了新事物的诞生。管风琴的局限性，也是它的特性，开始有了无限的可能性，管风琴成了合成器。

但是，物理学家可能会说，电控气动式管风琴有其固有的时间常数，这里指阀门开关所需的时间。管风琴演奏者对它的小节划分更难把握，键盘几乎失去了"触摸"的意义。史怀哲要求恢复使用机械式管风琴，但是管风琴制作者劳伦斯·菲尔普斯（Lawrence Phelps）告诉我们说，史怀哲所说的机械式和理想的分节容易被忽略，因为过于理想化，在现实中难以实现，因为大家都知道用电已经成为习惯。

　　音乐世界似乎也和其他领域一样，难以逃避技术的影响。人们将技术视为自带魔力的必备之物，而非实现人类意图的工具。"电就在这里。"这句话说明电力的普及是顺理成章的，否认这一点就揭露自己同现实失去了联系。这种反应通常来自自认为最有远见的人。但是一项工程艺术的进步要求与不加偏见的过去之间建立更自由的关系，同时要对所处的当今时代采取批判性的立场。回顾过去，正是那些热衷于用电的人才会陷入奇怪的理想主义中，故意忽视功能，而功能才是技术的核心。

　　史怀哲对于电控气动式管风琴的批评可能被视为反现代主义情绪的缩影，世纪之交的大西洋两岸都充斥着这种情绪。这种情绪在直觉上感到一些事物会在现代文化中消失。但很多人感到难以论证支撑这些直觉，所以只是浪漫主义不满的表现。但是史怀哲对那个时代的批判是详尽的，是主动的。史怀哲强调理性，指出了一些非理性的东西，即仅仅因为新可能性是可能存在的就盲目跟风。史怀哲获胜了，之后乐坛的一批反对者都开始持批评态度。他所批评的管风琴的缺陷成为显而易见的缺陷，因为最终人们开始明白这不悦耳。

　　让我们稍等片刻，关注一下我在第 4 章中所提到的目前汽车设计的趋势，与史怀哲所批评的管风琴如出一辙。两者都呼吁采用直接机械联动装置，带来更大的"触觉"；两者都要求仪器在传送感觉运动信息时更加敏感灵活。这两种批评令我们开始审视某种文化心态：迷恋自动和分离。如我们所见，文化中存在一种深层倾向，将人类自由和尊严的进步与更大的物质抽象性相连。

　　认为文化中的"特殊"时期比其他任何时期都好，比如巴洛克时代之于管风琴，或 20 世纪 90 年代前几十年之于汽车，我们时常对这种想法嗤之以鼻。我们必须承认 20 世纪早期的交响乐队中的管风琴丰富了当时做礼拜者的美学宗教体验，这种体验与他们的巴洛克前人不相上下。至于衰落，有点像怀旧畅销作家能够快速在任何回看过去的人身上发现这一点。

但我们轻视怀旧，似乎并非建立在好坏与否的实质标准之上。不是因为从这一标准来看偏好过去是因为没有实现目标，对过去的轻视，表达的是对现在的崇拜。这种"前瞻思维"是对保守主义的歉疚，它顺从和赞美任何方兴未艾的事物。

古今之争

让管风琴改革者偏爱有加的巴洛克声音是什么？是否超越了机械式管风琴的分节控制？为了了解管风琴改革运动究竟是什么，我决定拜访一位我认识的管风琴演奏者，他叫弗兰克·阿切尔（Frank Archer）。弗兰克答应在弗吉尼亚州法姆维尔（Farmville）的第一长老会教堂与我见面，非正式地向我介绍一下管风琴。制作那台管风琴的不是别人，而正是鲁道夫·冯·贝克拉特（Rudolf von Beckerath）。他是德国人，是泰勒和布迪导师的导师。

在空荡的教堂中，弗兰克坐在蜜色的橡木弹奏台旁，演奏了几个单音。"你听见了吗？音头气流声。"我不确定我听见的是什么。"这是第一次敲击音符时的气息声。每个音栓都不同，这对巴洛克管风琴的声音至关重要。"弗兰克推出一些音栓，每次一个，每个都对应一串音管，能够发出特定的音色。几分钟后，我就能听见他说的音头气流声了：在声音出来前的一瞬间听到微弱的气息声，使声音呈现出轻柔敲击的音质。气息声之后就像是在近距离聆听歌唱家的歌声，像沙哑的女低音，随着每一个音都几乎能感觉到她唇间温热的气息轻吐在你的脖子上。

　　弗兰克解释说，音头气流声使对位音乐中交叉的旋律线清晰可辨，因为每一个音符发出的开始都以这种气息为标志。若没有音头气流声，音乐会变得柔和粘连。由于管风琴经常是在空阔、有回响的地方演奏，一个固有的问题就是要保持声音清晰可辨。这与在电影院里出现的语音清晰度的问题类似。耳朵接收到从不同表面反射而来的回声，因其路径不同而造成达到耳朵的时刻不同，因而一开始清晰的音符可能变得模糊。电影院的解决方法是在墙面和地面上覆盖隔音材料，以减少反射。在管风琴的演奏场所，这些措施会抑制管风琴在大教堂里石头墙壁上的共振，而这种共振是作曲家在作曲时设计好的。弗兰克坐在弹奏台旁，说起贝克拉特在管风琴最初安置好的几年之后重回法姆维尔，检查他的管风琴，看到出于教友的舒适考虑，在教堂长凳上都加上了软垫，地面也铺上了地毯，这使他十分生气。他带着浓重的德国汉堡口音问哪里可以租一辆卡车："我要把这些都扔了！"

　　维持管风琴的美学特性，还要依靠建筑设计，教堂是这件乐器的一部分。[6] 但是既想达到预想的共振，又要考虑听众分辨声音的能力，二者是有冲突的。音头气流声在每个音符之间插入气息声，缓解这一冲突。气息声不会反射，因为它不成波形、不连贯，而且会迅速减弱。

　　古代管风琴的音头气流声的声学逻辑无可挑剔。作为一件气鸣乐器，管风琴本身自有能够克服场地问题的资源，巴洛克管风琴的制琴师似乎早已理解了这一点。但是管风琴改革运动必须恢复音头气流声，因为在簧舌上故意划开缺口以后，它就消失了。为什么要故意划开缺口？探寻这个问题，我们会发现音乐审美的有趣变化，这与文化沉淀有关，最终是一个自然衰退的过程。劳伦斯·菲尔普斯于 1969 年写道：

> 为什么会在 18 世纪早期开始划口？真的是因为审美的变化吗？我不这么认为。我已经说过，划口是为了使新的风管与原来的风管更加协调一致；原来的风管已经不会再发出嘶嘶声，因为几十年来风都从风管内通过，导致金属老化，簧舌边缘磨损。音管老化带来声音的改变完全是自然现象。在簧舌边缘切口，可以人为产生新音管的音效，当然这种音效也是几代制琴师共同努力的结果。因此，尽管非常缓慢，但是切口的做法最终带来审美的改变，使流畅、无趣、迟缓的音乐大行其道，即便是最好的浪漫主义管风琴作品也是如此，并在该世纪前几十年达到了荒谬的极端程度。我们现代人已经重新接触到了未经修缮的新音管的自然声音，重拾了音乐的意义，也找回了我们热爱的这件乐器，我们知道这种声音已经深入人心。[7]

人是健忘的，管风琴原本的精妙之处早已被人遗忘。"一代接着一代，更是如此。"菲尔普斯这样说道。簧舌侵蚀所造成粘连的声音特质成为西方的审美趣味，文化上已确立为管风琴音乐自如发展的起点。必须通过考古研究重新找到适合于管风琴的富有活力的音乐性。拨开层层迷雾，制琴师发现了他们对 12 世纪的管风琴声音不满的根本原因：金属腐蚀。

然而，这些古文物研究者开辟了前进的道路，他们的研究引发了意想不到的音乐新鲜感，"未经修缮的新管风琴"的声音。[8] 在对旧管风琴进行还原的过程中，改革者不仅仅发现如何通过工艺技巧实现目的，更多的是发现早期制琴师的标准究竟是什么。如此一来，他们开始确认哪个目标对于我们热爱的音乐和乐器而言是适合的。

这不仅仅是工艺成就，也是再定位。从某种意义上说，古人的判断成了改革者自己的判断。对于偶然的旁观者而言，这似乎是盲从，如同约翰·斯图尔特·密尔（John Stuart Mill）所说的像猿猴似的模仿，如同康德所说的人类加诸自我的不成熟性。但事实上，这反映了独立判断的获取。管风琴改革者对现状的不满，使他们反对和批判的羽翼更加丰满，推动了他们转向意料之外的方向。

我们似乎需要对克尔凯郭尔的心理学做出补充。他告诉我们，崇敬是反抗的先决条件。管风琴改革运动有助于我们理解事情的另一面：反抗已经准备就绪，反抗这一时代的自我满足，是发现你判断的事物值得崇敬的先决条件。以这种方式肯定事物，自由而敏锐，自然是使人成为个体的元素之一。

注意在这次的运动中，解放是教育人们学会独立的起点，而非终点。如"通识教育"所指，受教育需要自由，摆脱认为理所应当的必然性。但当我们尽可能深入地挖掘一项实践，直至它成为我们自己的实践时，我们发现自己处于该项实践的夹具之中，比如饱受争议地对制琴进行全面的传承，是从音乐性出发加以规范的。夹具以某种固定的形态赋予每个人的生活，如同致力于制作精美的管风琴一样。其中，必然有对何为标准以及如何实现标准做出解释的空间，因此制琴师必然在他的作品上打上自己的烙印。我们可以将此理解为类似快餐店厨师的即兴发挥，以满足厨房的要求。相比之下，这只是一个更丰富和更精细的版本。

我与弗兰克在演奏台旁待了一个上午，他耐心地向我展示管风琴发出的各种声音。他让我进入管风琴里面，在他演奏巴赫音乐时观察里面的联动装置。我拿着手电筒沿着一条狭小的通道攀爬上去，我感到自己被困在了一个会呼吸的有机体内，困在了巴赫的音乐才华中。弗兰克的才华，就像心跳一样环绕着我。D 小调托卡塔曲和赋格曲独特的旋律线清晰明朗，伴随着贝克拉特精心设计的铝制轨杆分层运转，每一根上都有类似于摩托车变速连杆的球形接头旋轴。在环环相扣的主旋律中，我的上下左右都被声音环绕。我如同置身于一场热闹的宴会中，与亲密的朋友相谈甚欢，我不断转头试图抓住弗兰克弹奏每一个音节时的姿态变化。那天最后，我感到自己做好了更加充分的准备，回到泰勒和布迪那里，深入探索他们的世界。

制革、细琢与调律

我跟随布迪穿过礼堂时，偶然遇到了克里斯·彼得森（Chris Peterson），我喜欢称他为彼特，他正在用皮革包裹住亨利·埃尔本制作的管风琴的楔形风箱。他在弹奏时，会用脚往风箱里鼓风。"你做得真棒！是用修边机做的吗？"布迪问道。

"我用的是凿子。"彼特在风箱的表面打开一条宽缝，每边都露出了 2.5 厘米的方孔，然后他用一块尺寸完全契合的木头插入，更细小的裂缝也从里面用皮革覆盖住，保证完全密闭。"我还贴了一张哈雷贴纸，希望你们别介意。"

　　我不确定这是不是玩笑。制作器物或修复器物的匠人通常都希望能为后人留下一些痕迹。发现这些痕迹是件有趣的事，增加痕迹也是。在任何情况下，彼特都不曾将这架管风琴视为不可侵犯的圣物。将管风琴交给彼特是有原因的，为了使它能够重新运转起来，那么在将它传承给后人之前，短时间内他就必须将它视为己有。

　　风箱的木头上用铅笔写着"拉开 $7^1/_2$"，显然是写于这架管风琴的早期。彼特说："我留下的是 155 毫米。"我认为他说的是风箱上从铰链开始最长的切线。

　　布迪掏出他的卷尺，上面有毫米和英寸的刻度，他说："7.5 英寸是 190 毫米，不是 155 毫米。"

　　彼特说："可能是因为铰链杂乱无章吧。"

　　布迪暗示这些铰链是廉价的维多利亚铸铁做的。

　　彼特说他重新用这些铰链的时候，它们上面钻过孔，就像是浇铸的。风箱是在 1957 年重新裹上皮革的时候才放上去的，问题出在风箱棱条相对于铰链的位置上，造成了过多的磨损。彼特解释说，他制作了一个不同的风箱，能够避免这一问题。

　　我问他预计新皮革能够维持使用多久。

　　"久到我不用再去换它。"

　　布迪解释道，从前皮革的使用寿命是个大问题。回归植物鞣革之后得到了缓解，相对于刺激的化学鞣料，植物鞣革能够保留更多的油分。[9]"我们使用的是山羊革，十分耐用，感觉很有生命力。"他递给我一块薄薄的白色材料，非常柔软，就像穿久了的 T 恤一样。

彼特还使用了传统的皮胶，将皮革粘到木头上。这样一来，下一个换皮革的人只要用热抹布加温，就能够把它取下来。彼特就是这样把旧皮革揭下来的。如果使用现代的黏合剂，要取下来就很费力了。

彼特说："你必须得用砂纸刮下来，或手动刨下来，或用凿子凿下来。"

我问他，如果只考虑做完眼前的工作，不考虑将来的修复呢？彼特和布迪异口同声地说"太棒胶"。太棒胶（Titebond）是一个知名的木胶品牌。在管风琴制作的很多细节上，之所以重拾传统技术，不是出于留恋过去，而是为了筹谋将来。

香农·雷吉（Shannon Regi）是专门制作木管的，木管的声音与金属管不同，大多数的管风琴中二者皆有。她毕业后，来到泰勒和布迪这里，想找一份短期的工作，结果就一直留在这里了。现在她正为泰勒和布迪的 57 号作品制作簧管，灵感来自大卫·塔嫩伯格（David Tannenberg）于 1800 年制作的一架管风琴。约翰·布迪预计需要花 14 000 个工时才能完成这架管风琴。簧管中有一个簧片，它能够震动，从而使管内的空气柱开始震动，原理与单簧管相同。香农站在工作台旁，工作台靠着朝西的窗户，她正在专心致志地一点一点制作。"她每天工作 8 小时，虽然她的工作台下有一小堆碎屑，但是你都不知道她整天都在做什么。"布迪说。这显然是在开玩笑，毕竟他是老板。香农嘴唇微噘，目光一动不动。她没有理会布迪，继续工作。这似乎就是她的音管，她太投入于工作，以至于无心理会我们的存在。布迪继续说道："我们做了大量工作，所有的部件严丝合缝，每个部件都不同，每个部件都要小心谨慎地测量、锉平、接合。"

"每个部件的尺寸都不同,因为它们对应不同的音阶。有些部件的制作效率很高,比如轨杆,可能短时间内就能完成 1 000 件,但都必须一次性配套完成。"不止管风琴中的很多部件有音高的差异,一架管风琴的定弦也可能不同于另一架,相应的整个尺寸也不同。键盘乐器的定弦叫作调律,根据管风琴要演奏的音乐目前有几种不同的调律。

布迪指出,他的店铺不像 16 世纪的店铺那样大量生产管风琴,因为他不是在复制同一种管风琴。20 世纪 60 年代随着人们对历史知识的狂热追求,横跨了不同的时间和空间,因而导致了对各种管风琴的需求,意味着店里面的管风琴不再是千篇一律的。

老板

我问起布迪关于老板这个角色。"经营这家店铺一个月要花费 10 万美元,这是我们的经营成本。这意味着我们一年必须创造 120 万美元的价值。如果没有达成,就入不敷出了。这些员工可能感受不到,但乔治和我是有压力的,我也一直在和我们的会计辛迪讨论这点。我们试图要精打细算。"

"我们必须鼓励员工建立良好的工作习惯。我们贴出了工作计划表,也有相应的规章制度。"我请布迪说得再详细些。"我们有一本工作手册。员工需要按时上下班,每周工作 40 小时,上下班需要打卡。基本上班时间必须到岗,上班时间为早上 8 点半到下午 4 点半,午餐时间为半个小时,需要打卡上下班,尽量不要超时。员工要能吃苦耐劳。"当他直截了当地说出这些要求时,很显然布迪并不知道现在提倡"解放型管理"。他是老板，不是人生导师，也不是个人成长的引导者。

在一次参观时，罗伯特·汉纳（Robert Hanna）正在精修亨利·埃尔本管风琴。汉纳不是泰勒和布迪的员工，他是精修专家，是个熟练工人。哪里有家具需要维修，他就开着车去哪里。他开车是因为飞机上不允许携带他所需要的化学品。他是这个行业的顶尖人才，维护了价值数百万的家具，他的收入也不菲。本质上来说他是个化学家，熟悉各种油品、虫胶、丙酮和甲基化酒精。他也是个文化历史学家，他能够即兴向我介绍美国家具的变化，包括地区、时间、地方树木、家具工的种族划分和他的工作传统。

在整个交谈过程中，约翰·布迪一直都在，他似乎和我一样有兴趣与汉纳对话。这有点令人惊讶，因为布迪向汉纳支付将近 1 000 美元一天的工资，而我们已经占用了他一个小时的时间。布迪对生产效率的看法似乎很复杂，其中显然包括交谈，交谈使他的店铺得以在历史中维系下去。

汉纳批评了美国文物名流中的一些知名的家具工，布迪提到制琴师里也有一批这样的人。在重建先贤大师制作的管风琴时，有时候你会看见他们在处理某物时造成的巨大损失，比如选择劣质的材料，或者不了解工艺，造成的影响会持续很久。你会从他们的错误中学到很多。在接下来的几个月里，我清楚地感受到对管风琴工艺是否精良发自肺腑的忧虑。这种结合了历史与工程艺术的对话，是在泰勒和布迪的店铺里惯常工作的一部分。尽管布迪总是抱怨总有人站在旁边，嚼着口香糖。然而布迪本人就是最会打扰别人的人，他在店铺里走来走去时就会引发话题。

这种对话下会产生特定的权威，在布迪的店铺里就是如此。他更像是导师，而非经理。我认为借助"线"的概念最能理解这一点。在我们的第一次对话中，布迪提过这一概念。他的角色就是从传统中学习可用之物，批判性地看待传统，期待未来可以做到尽善尽美。对话有助于分享这种愿景。他们也把店铺的目标放在历史的发展轨迹中，连接过去与未来。如此一来，在他们所继承的轨迹上前进一步，使得这项工作更具生命力。几个世纪以来，制琴的变化以及设计建造的永恒标准，使这项工艺愈加精巧，音乐性也愈加提升。这为制琴师的技艺提供了两套不同的标准，任何一套都不简单，都难以精简为一套直白简单的秘诀。每一套标准都需要波兰尼所说的"个人知识"，就如我们在科学师徒制中所说的那样。进一步来说，历史连贯性和音乐性这两套标准不会简单地达成和谐一致，也不会单纯地互相冲突，而会在紧张的关系中产生成效。这种紧张的关系就是"线"导致的结果。布迪的角色是借由对话维持店铺里的共同意识，以保持"线"两端的紧张感。

管风琴历史协会与我无关

　　员工工作时的继承意义对他们而言不是负担，而是能量的来源。但是，如果换一个角度来看，这也可能是自满的源头，是停滞不前的前兆。在我与克里斯·博诺 (Chris Bono) 的一些争议中，这一点变得尤为清晰。博诺从 1988 年开始就在泰勒和布迪那里工作了。"管风琴历史协会与我无关。"他说。

　　1988 年，博诺当时是音乐家，也是管风琴制作的学徒，他自愿在圣弗朗西斯修复管风琴。圣弗朗西斯是斯汤顿的一间教堂，他周末会在那里担任临时的演奏者。博诺说："1988 年时，管风琴不易演奏。它会发出一些声响，像喘息声一样渐渐消失。音管横七竖八，摆放混乱，这很危险。有人曾经用硅树脂浴缸填料制成管子，防止泄露。"管风琴上面布满了石膏粉尘，下面还有一层煤粉。博诺继续说："所以我把整架管风琴拆解开。从一开始的清洁变成了'好吧，现在我把它拆开了，加点什么就没那么困难了'。我想我是有了第一个孩子之后才完成了这项修补工作。但最终，教堂还是得到了一架好琴，我很喜欢演奏它。"

　　博诺对管风琴历史协会不以为然，比起历史的准确性，他更关注管风琴的音乐性。历史学家对于过去的史实采取了中立或者无偏见的立场。保护主义者对旧物的喜爱也同样不具有任何价值判断：只要它是旧物即可，其他都不重要。圣弗朗西斯管风琴代表了美国管风琴制作的某一阶段，应该根据它最初制作者的本意进行修复。但音乐家想要的是一件好的乐器。同时作为一个制琴师和音乐家，博诺不能像历史学家一样对事实采取无偏见的立场，也不能像保护主义者一样对过去恭敬顺从。如果仅仅是事实，那就无法给他以任何印象。

　　博诺制作了巴洛克风格的气室，以及非巴洛克风格的圣弗朗西斯管风琴的联动装置。从某种角度来说，这看起来有点不太合适。但对于最近的过去而言，他更尊重遥远的过去的证言，这一点从他对音乐性的不懈追求就不难看出。要在已有形式下努力实现这些要求，制琴师就处于一种理性探究之中。如果他对继承的史实不采取评估的立场，不存在所谓的"好"，他的工作就不具有进步意义，不具有探究的性质。这里要讨论的"好"就是他所说的，"这是一架好琴，我很喜欢演奏它"。

调音师

　　管风琴的音管必须能精密地调节以达成理想的声音。乔治·奥兹利（George Audsley）在其 1905 年发表的《管风琴制作艺术》（*The Art of Organ-Building*）的论著中写道：

> 　　费时费钱的经验，加上个人天赋和无穷的耐性，是成为调音师的关键因素。好的管风琴演奏家不一定能成为调音师，但调音师应该知道音乐的基本原理和发声的规则。就我的个人经验而言，我发现，声音条件好并且善用声音的人、好的小提琴演奏者，以及有耐心且懂机械的人，能够成为好的调音师。[10]

　　在我第三次探访泰勒和布迪时，我向约翰·布迪提到我曾去过法姆维尔，与贝克拉特管风琴共处了一天。听到这里，他似乎相信我是认真要了解管风琴的。他推开了一间房间的门，里面我从未去过。远离锯子的噪声和落锤的重击，调音师在这间安静的密室里工作。就是在这里，进行管风琴的发声调音。

　　布迪向我介绍了瑞安·阿尔巴世安（Ryan Albashian）。我本猜想他可能是像小说里的甘道夫那样的巫师形象，但是瑞安却长得十分正常，而且体格健壮，看起来 30 出头的样子。"瑞安是演奏管风琴的，后来经过训练开始制琴，现在是这里的首席调音师。"

　　瑞安停下来说："是的。首席调音师。"他说话的方式好像是话里有什么双关之意，但我不确定。接着他把手里的音管拿到嘴边，在一端吹气，激起泛音。"你听听这有多难听，它根本没起作用，一部分原因是切口太低。"

布迪说："杰夫看过了吗？确认过后面没有缝隙了吗？"

瑞安说："我不知道。我对这个没问题，这些音管上的焊缝还热着呢。"我觉得他说的是刚刚焊接好的意思。瑞安正在进行复原亨利·埃尔本管风琴音管的工作，听声音，仔细检查杰夫和罗比制作的新管，全部摆好位置，发出声音。

布迪还有其他事要忙，于是留下我和瑞安独处。我问他："你调音的时候究竟在做什么？你在听什么？"他在调音台上演奏了几个音符，调音台本质上就是一架管风琴，音管简单地倚靠在一个小气室的毛毡垫圈上，就在一个个键盘的上面。键盘一角有一圆形测量仪，用于监测风压。

"这些声音很均匀，我都试过。我试图按照声音色彩找出一个声音不好的。这很难解释，就像福特汽车的喇叭声与雪佛兰汽车的喇叭声之间一定有差别。"他正集中注意力校准一根音管，连续快速地敲击键盘。"好，这就是边界线。这个音管有点问题，但还不错。对于一件 1830年制作的乐器，我已经把它复原得足够好了。你该听听它一开始是什么声音。"然后瑞安发出了男孩青春期变声时嘶哑的声音，一个音节由高到低。他只敲击几次键盘，从不演奏一首完整的曲子。他轻唱着"哈—哈—哈—哈—哈"的假音，模仿他听到的声音。

我问他是否在校准音符的符头。

"符头和符干，有点像笛声。"瑞安发出了一个声音，像是在安静的会议室里小心翼翼地咳痰。

"这就是你们说的音头气流声？"

"不，音头气流声是'冲—冲—冲—冲'的声音。"他模仿蒸汽机车出站的声音。"它们有非常固定的声音，但有些刺耳，一开始是砰的一声。有时候在大教堂那样的地方，你能忍受，但在小教堂里不行。"在弗兰克·阿切尔的引导下，我花了一些时间来辨识音头气流声，但这一声音对瑞安而言是很容易辨认的，所以他不会考虑到这一点。

说起这跟音管，他说："它有些安静，但尚可接受。我不会试图改变管风琴的特性。调整音管但是不改变管风琴本身的完整性，这是一项挑战。"瑞安演奏了一段旋律，音调逐渐升高，又逐渐降低。"很均匀，我的意思是很悦耳。"

随着时间流逝，在风力的作用下，管风琴音管的风道会被侵蚀，这会损坏音质。但从另一方面来讲，音质会在使用中提升。瑞安解释了金属音管如何在演奏中不断改变。音管长度变化的极大值和极小值，对应音管的基本频率和泛音，显然会带来金属分子改变，但在使用了几个世纪以后显然会更容易发声。瑞安说，在某些方面，管风琴在刚制作完成的时候声音是最难听的。随着时间流逝，声音会少些尖锐，多些柔软。

"泰勒和布迪的 55 号作品耶鲁管风琴在制作时遇到的难题是，他们想要一架有历史感的琴，声音要像他们在欧洲听到的那样。好吧，这些都能够做到，但是站在调音师的立场来说，我必须思考自己能否做成，以及我所做的会在 400 年后产生什么影响。如果 400 年后这架管风琴仍在那间小教堂里，那我所做的调音会变成什么样？它会变得平缓顺畅没有一点生命力吗？所以我必须意识到这一点，掌握好分寸，但我们又希望它的声音听起来像一架旧管风琴。"

"我像你保证耶鲁管风琴里不会有任何一根音管看起来像这样。"他指着埃尔本的音管说，"用肉眼看耶鲁管风琴的每一根音管，你不会发现风道经过任何的处理。这太精细了。大家都说，这是他们听过最棒的声音。"

很显然，瑞安有意要和制琴前辈一较高下，甚至希望超越他们，制琴前辈的活动塑造了瑞安的生活形态，使他生活在崇敬与反叛之中。

"我发现一件事，"瑞安顿了一下，"我必须小心谨慎，不将功劳据为己有。"作为一个调音师，瑞安显然觉得自己所属的群体有某种不成文的规定。这个行业的知识基本上是共享的，他们通过明言或暗示互相对话，也与前辈对话。但是知识必须付诸行动，这样我们才有机会为实验中以发现感到自豪。

"据我所知，从来没有其他人这样认为过。事实上，我花了很长时间说服一位查特怒加市非常非常优秀的制琴师。但是我知道一个事实，拉音管上唇发声会更快，推簧舌发声也会更快，但两者不同。上唇就像是起动机一样，它控制着音管的起动能量，控制起动状态和起动速度。而簧舌控制着声音的持续。"

瑞安停下来专注于他手头上的工作，切割一根音管，用于埃尔本管风琴。他沿着目前的上唇部位画线切下，是杰夫大致画的线，用刀拉伸斜切出新的上唇。他的手臂高度紧张，需要力度和准度配合。音管的软金属是铅锡混合物，瑞恩用更坚硬的工具钢刀进行切割，他将画线标记从中间分开。

音管的音质受到长度和管口的影响。上唇抬得越高越能减弱泛音，传递基音。但你不只想要基音，也想要其他的。

瑞安回到手边的工作，他低声说杰夫没有拉齐管脚和管身。"通常他都做得恰到好处。杰夫是个真正的匠人，但这样并不好。这会创造或损坏音管的演奏。"管脚是音管的一端，呈锥形。通过焊接的方式与主体管身相连。二者连接的地方就是管口所在，下唇属于管脚，上唇属于管身。管身与管脚必须呈一条直线，上下唇才能恰好平行。

瑞安向我展示了他所说的弯曲的部分，我想若非必要，就不要再打断他的工作流程，所以我假装发现了瑞安展示的不平行之处。但事实上，我并没有看到。他接着往一边拉出上唇，用一把小的黄铜锤把另一边向里敲。我问他在这种情况下会不会使用一些测量工具，他说就靠眼睛。

敲完后，他说："现在勉强能凑合。我们所做的很多改变都无法进行测量。当要精确到百万分之一毫米的时候，只能靠听来判断。"瑞安拿了一根音管吹起来，连续发出了不同的音调。"好吧，这根有点太快，很容易就能听到泛音。"吹过空啤酒瓶的人就会知道，吹得越用力音调就越高。

瑞安把音管放到嘴边，吹出基音，然后第三泛音，再是第五泛音，最后用力一吹，就是第七泛音。音管的一端是封闭的，只有奇数泛音，轻柔地演奏时，才能呈现出整个泛音列，但是起主导作用的是基音。

瑞安把刚调好音的音管放在调音台上，然后与另一根音管交替进行演奏。我想我能听见他所说的泛音：第一个音调比较高，然后一直到最低。就像吹啤酒瓶一样。

"好，现在这里有一些情况。簧舌略微过低，我会把它抬高一点。"

接下来还有一些微调，底孔似乎有些过大。瑞安又开始缩小锥形端的孔。

"调音就是要听。这方面几乎没有相关的书面材料，调音师会通过实践逐渐提升自己的技能。你必须理解这门技术。我的朋友认为这是与生俱来的天赋，其实不然。做好准备工作，比如弄好音管，调整好风道大小和底孔，猴子也能调音。如果这些准备工作真的做得非常好，那就完成了97%的工作了，音管就能发声了，也就可以演奏了。最后的3%，就是演奏出优美的音乐。这就需要调音师的艺术素养了。在这一点上，好的调音师做好了充分的准备，他们甚至去学习所有的数学和科学知识。但你可以将之抛诸脑后，因为现在我们不是在埋头苦读科学资料，也不是在潜心研究数学问题，我们是在创作音乐。现在画布已经准备就绪，底色已经涂好，你手里拿着画笔，可以自由绘画。但是这些都是以充分的准备为前提的。如若不然，一笔一画就很难干净利落地完成。"

据瑞安说，制作一件乐器的过程等同于作曲。不断地磨锉令人觉得这似乎不具备艺术性，就像准备音管这样的工作，猴子也能做。在这两种情况下，那最后的3%在很大程度上取决于技术的熟练程度。

瑞安查阅了埃尔本管风琴现存音管的绘图，上面标示着切口的高度。这是一条沿着某一走向的锯齿线。瑞安根据锯齿画出了一条直线，捕捉锯齿的走向，然后推测出其他数据点，确定切口，替换音管。他不打算将现有音管的切口变得均匀，因为它们是这架管风琴特性的一部分。"但我保证你永远不会进入耶鲁管风琴里面测量，然后像这样比照图纸。尽管有一些误差，但很可能是故意产生这样的偏差。所以一旦有人摸到这些音管，他们会好奇，'为什么要这样做'。"我问他这些变化是否出于音乐性原因。他回答："不，只是为了愉快，为了在上面留下我的痕迹。"

当你正在制作一件你期待几百年后还在使用的东西，显然你将自己设想为古人，后人会想象你的样子，原先这些模糊不清的音管会落入一些未来的修复人员手中。亨利·埃尔本在 1830 年制琴时，脑海中会想象瑞安的形象吗？会对这种相遇感到惊奇吗？就像瑞安一样，埃尔本也可能在修复他那个时候的旧琴，同时也在为将来制作新琴。他传递信息给瑞安了吗？是用制琴师共同的语言沟通，还是也打上了自己的烙印？当然他这么做了，因为制琴的方方面面都是如此。制琴师的职业故事随着历史发展。如果他成为制琴大师，他的名字将载入制琴师的公祷书，如施尼特格尔（Schnitger）、弗兰特鲁普（Flentrop）、贝克拉特、诺亚克（Noack）、菲斯克（Fisk）、布罗姆巴夫、泰勒和布迪。这就像是犹太教的圣经，因为瑞安等学者对此做了大量的注解，这可能会成为典范传承下去，当然也可能不会。

瑞安将音管放回调音台。"这真是天籁之声，这根音管听起来太棒了。它带有一点杂音，比 C 调更模糊，气息音没那么多，没那么柔。但非常模糊，还有些太快。"他敲了几下簧舌，又把它放回去。"这根的声音真的很棒，除了还是有一点太快以外，这是这一组中最好的几根之一。"瑞安拿开音管，轻敲管唇。"这就足够了。再说一次，这些操作是你无法真正测量的。"他把它放回调音台，演奏起来。"很好。这根音管完成了。"

瑞安对这一根升 C 音管倾注了那么多爱，然而这家店铺的名字却并不会出现在上面。我问布迪他的店铺文化是什么？他如何激励自己的员工关注质量？他回答说："他们绝对是最严格的，也是最大的支持者。在这里，最令他们心烦意乱的是使他们觉得自己让物件贬值，或需要抓紧时间。当你开始一份这样的工作时，最难的就是教人们去关注和珍惜美。但有时候，你不能令他们停下脚步。我从未见过他们生气，除非当他们认为自己使产品贬值了，或者因赶工降低了质量。"

"所以他们建立起了作为制琴师的责任感？"

"不会的，他们完全不可能。"

辩证对待传统

在一次考古中，乔治·泰勒、约翰·布迪和一些有交错师徒关系的制琴师一起对古代管风琴进行还原，复原前辈的技术方法和材料。布迪指出，在几个世纪以前，也像现在一样，对以前的乐器进行清洁、维修和调音，这为管风琴"技术服务员"（或许可以这样称呼）研究乐器提供了机会。通常这些技术员本身就是制琴师，所以还原另一位制琴师的作品，学习新技能，本身就是制琴传统的一部分。就这一点来说，与哲学历史十分相似。近几十年来，信息爆炸，包括旧琴的设计图纸和规格说明，布迪感到有利有弊。利很明显，弊是因为有时候你必须处理好关系。所以泰勒和布迪似乎对于历史和技术都采取中立的态度，既不抱怨改变，也冷静地对待为了改变而改变的高技术。他们的目标是做出最好的管风琴。

但什么是最好的管风琴呢？与航天飞机不同，管风琴是文化传统的产物，服务于美学目的，脱离传统就无法理解它的美。如果从一张白纸开始，那就完全弄错了要领，因为在很大程度上，管风琴的历史是管风琴之所以成为管风琴的意义所在。约翰·布迪和他的同事们在不断做出改进，他们的创造力同时受到传统的限制和推动，技术和复古主义罕见地结合在了一起。这是伦理道德所致，人因为要克服新的挑战而充满干劲，也因为延续传统而找到了尊严。如果二者互不相容，那可能是因为我们现代人习惯于将技术和传统放在对立面上。[11] 技术一派认为自己代表了理性，传统一派不过是传承了偏见。他们认为，传统一派经常在技术中看到蓄意破坏的意味，认为它只会破坏有意义的人类行为。

　　但是与传统对话是理性的，也是一种思维方式，帮助我们了解事物的真相。布迪向我讲述了修复里士满大学教堂管风琴的故事，使我对管风琴有了更加深刻的认识。这架管风琴建造于 1965 年，使用了某种"太空时代"的材料，所以在当时很轰动。35 年后，这些塑料联动部分和垫衬材料都融化了，琴也无法使用了。泰勒和布迪拆卸了这架管风琴，用传统的木材、毛毡和皮革替换了太空时代的材料。如果评判材料的标准是它的功能性，那么木材和皮革比塑料更加高科技。几个世纪以前，木工就已经知道，木材尺寸会根据湿度变化，纵向纹理会改变。木材和皮革很容易用手动工具处理，韧性强，而且持久耐用。通用材料是现成的，而不是与某个公司利益攸关的专有材料。对后人而言，修理工作也变得透明，皮革可以缝制，木材可以用一般胶黏合，但是塑料聚合物的化学变化是不可见的，所以黏合程度不确定。这个例子就说明太空时代的材料不是个好主意，因为它不是面向未来的。

　　但是，沿袭某项工艺传统的人不能武断地认为旧的就是好的，一项有生命力的传统不会传承静态真理。比如，泰勒和布迪即将展开匹兹堡一件乐器的修复工作。"所有的合成材料都要换掉，包括所有联动装置里的方杆，以及所有的新滑片。我们将用木材或碳纤维来替换。"我对碳纤维这种材料感到惊讶，这时布迪眼里放着光说："碳纤维是最好的滑片材料，它稳定、坚固，而且绝对能保持笔直。"

制琴传统中显然包含了如何最好地实现某种功能的争议。约翰·布迪处在活跃的对话之中，每检查一件作品，都要与负责的制琴师对话，也与每一篇制琴论文的作者对话，以实际行动做出表达。有了检查管风琴的机会，可以想象这些前辈会认可泰勒和布迪可以成为他们的对话伙伴，不同于那些单纯复刻，只会鹦鹉学舌的人。对话是有重点的，而且持续进行。参与对话时，对话者必须有良好的习惯：善于倾听，贡献智慧，被反驳时会反思。

还有一些外界因素帮助对话持续进行，因为这一对话不仅满足制琴本身的内部要求，也创造产品，愉悦他人。使用管风琴并为之付费的公众不直接参与制琴过程，但他们可能会察觉到更细微的差别。因此泰勒和布迪的64号作品，将摆放在坐落于弗吉尼亚圣迈克尔的圣公会教堂，它将采用电动音栓联动装置。它仍保留机械键盘联动，奠定了乐器的触感，但演奏者可以方便地预先设定好音栓组合，这对教堂礼拜仪式很有用。布迪说："我们不认为这很必要，但如果这会对是否购买这架琴产生影响，我必须考虑这一点。"如果制琴是出于谋生而非爱好，那么就必须顺从付款人，他们会更加重视通常在周日礼拜仪式上演奏的音乐，而非乐器的细节。如此一来，除了他本身的行业之外，制琴师还对一大群他的同代人负责。他必须将努力付之于合适的地方，还要考虑经济因素和公众意识。这帮助他审视自己所做之事，如若不然，就可能成为他自己沉迷的癖好。正如在摩托车修理工的例子中，制琴师的职业生涯中置入了与他人的三角关系，他不得不调和制琴的内部标准和我们称之为"经济"的社会意义。

正如我们所见，传统与创新之间的辩证关系允许制琴师将自己的创造性视为在他所继承的历史上走得更远。这与现代意义上的创造力不同，现代意义上的创造力似乎是一种隐秘的神学概念：从无到有的创造。对我们而言，自我扮演着上帝的角色，每一次创造力的爆发都被理解为宇宙大爆炸的缩影，是灵光的一次乍现。这种对创造力的理解不能够将我们与他人相连，也不能够将我们与过去相连。它会篡改我们称之为"创造力"的体验，认为它是不合理的、不能传达的、不可教授的。

在既有的传统中走得更远，也就是在布迪所说的路线上走得更远，也许可以通过一个看似狭隘的技术要点来解释。布迪说很多德国北部的巴洛克管风琴，其金属管内部都遭到了腐蚀，罪魁祸首就是鞣酸。鞣酸来自管风琴通体，包括风箱使用的橡木。尤其是在海边湿润的条件下，空气会从橡木上将鞣酸带到铅锡管上。但是橡木是巴洛克管风琴的传统材料，因为在欧洲的这一地区，木蛀虫是个大问题，蛀虫会啃噬任何柔软的木材。但是在美国木蛀虫不是个大问题，所以泰勒和布迪正在转而在风箱中使用白杨木和松木。但仅限于目前仅有的 40 年观察期而言，他们没有在音管里发现任何腐蚀问题。他们设想他们的管风琴能够使用 400 年之久。

泰勒和布迪极近传统，却也完整保留了他们的卓越才能。由于管风琴需要运转，这使他们警惕自身环境带来的可能性。这里，排除木蛀虫的情况。通常的情况是，为了借鉴传统，必须能够抵抗传统，不因过度崇拜而向传统低头。关键不是复制传统的决定，这里指使用橡木，而是像前人一样研讨同样的问题，使之为己所用。这才是传统得以延续的方式。

　　研究过去似乎没有成为泰勒和布迪店里工人的负担，反而提高了工作效率。这项工艺的历史在不断地更新发展，成为他们自己的资源，滋养了年轻蓬勃的力量。在尼采的《历史对人生的利弊》（*On the Advantage and Disadvantage of History for Life*）中写道，将自己视为历史的后来者，这种想法尽管常常令人沮丧，但从更宏观的方面来看，赋予了将来极大的影响和满怀希望的目标。当我们设想自己是古典惊人力量的继承者，并从中看到我们的荣耀和动力时，就是如此。他继续写道：

> 个人奋斗的一个个伟大时刻形成了一条锁链，串联起几千年中人类的一个个巅峰。对我而言，在遥远的过去中，这些巅峰依旧鲜活，依旧光明而伟大。这是人类信仰中最基本的思想。

　　根据自由简史中我们所研究的启蒙运动中对于知识的概念，一个模范认知者应是孤独的形象，他的认知只以现在时存在。他不受到过去的影响，也不承认群体中的权威。他提出的论点带有演示说明的性质，不像我们在泰勒和布迪中所看到的对话那样，他们不受任何历史条件和生活经验的约束。因此传统不具有指导实践的意义。传统可能表达了一些真理，这会得到承认，但是认证为真理必须要经过推理，详细审查，独立于任何前事。理性思考即是要自己独立思考。就其绝大部分而言，这种启蒙理解认为传统是黑暗的，它会掌控人的思想。传统作为一种不具任何灵活性的习惯，必须予以根除。

这种观点大错特错。我们可以在师徒制的例子中看到，在任何实际能力的进步过程中，我们并非独自做出一切判断，也并非从零开始。相反，我们开始的时候也会不加怀疑地采纳很多其他人的经验，服从于老师的权威，老师也从他们的老师身上学习。个人主义者幻想的我们并非如此，因而怀疑传统，使得人感到孤立。

如托克维尔所言，这种孤立会带来某种焦虑。为了缓解这种焦虑，我们环顾四周，看看我们的同代人，了解他们的思考和感受。严格的个人主义者成了统计学上的自我。统计学上的自我就是以大批量形式为人所知的自我，相当适合成为制造体验的服务对象。我们越来越多地通过表征与世界打交道，以大众文化的规模经济为依据。在最坏的情况下，比如机器赌博是带有设计意图的，有害于我们对自治的渴望，甚至是将这种渴望作为精神依靠。制造体验承诺拯救我们，当世界抵抗我们的意识时，能使我们免于冲突。

泰勒和布迪店里的工人并非采用这种孤立的工作方式，他们对制琴历史有自己的理解，从中找到自己的位置。在这种高度情境化的自我理解中，他们在工作中力求完美。这就表达了他们的个性，赢得了判断独立，依靠自己的劳动取得了更加深入的了解。

一些批评者会认为这些匠人逃避现代世界，而我认为恰恰相反。我们已经逐渐接受这种逃离世界的状态是正常的。管风琴店的例子帮助我们看到栖居于注意力生态中是什么样的，注意力生态恰恰使一个人处于世界之中。

回归真实

管风琴店的故事可能启发了一些年轻人去追求属于他们自己的生态位，这当然很好。但大多数人会认为自己所处的生活已经有了既定的轮廓，受制于经济需求和家庭关系，迫使我们在任何与我们相关的文化和经济中持保守态度。对我们而言，前人调查研究的作用在于给予了我们定位点，帮助我们了解自己的生活，让我们重新探究我们公共生活的某些特征。

我们开始提到的是注意力分散的问题，通常我们在讨论中将之作为技术带来的问题。我建议将之视为本质上属于政治经济学的问题：在充斥着占用注意力技术的文化中，我们内部的精神生活赤裸裸地成了他人即将收获的资源。以这种方式来看，我们将眼光从技术本身转移到其目的上，它被引导、设计并散播到生活的方方面面。

注意力环境中的正面吸引，即那些我们自愿引入生活的，仍然与不必要的入侵一样令人不安。我们思考超级满足需求的精神刺激的出现，教育所必需的苦行精神是否还会为人采纳。我们所受的教育内容塑造了我们，教化的力量使我们集中于学习，尽管效果并非立竿见影。因此我们不得不怀疑人类可能的多样性已经崩塌，变成了精神单一文化，更容易通过机械化手段获取。

我曾谈及我在印第安人居留地一家路边百货商店的经历，我想知道它是否能够为我们寻找前进的目标提供一丝线索。但在调查中，我们与本土印第安人的历史遭遇之间的显著差别就变得明朗了。他们受制于入侵的外部力量，并正确地认识到应该为捍卫自己的生活方式而战。我们的问题源于我们将管理体制视为我们自己，它是集合了我们最优良美德的产物，是启蒙运动的后代。

我曾经详细阐述过一些正面例子，描述了秩序井然的注意力生态，比如快餐店厨师、冰上曲棍球运动员、管风琴制琴师。我解读了这些例子，探讨了它们的重要力量，引出了经验中与启蒙框架不相符的方方面面。

让我来谈一谈我试图实现的思维方式。我假定自己是在研究政治哲学。就像那些我所批判的早期现代思想家一样，我一直在以政治，或者说论战的方式，回应特定历史时期特有的敏锐刺激。几个世纪以前，这种刺激是既定的文化权威，他们将思想桎梏在康德所说的人类加诸自我的不成熟性之中。但我们从这种不成熟性中逐渐成长的过程，似乎在青少年时期就停滞了，就像没有老去的嬉皮士一样。现在的刺激是在解放运动下萌芽的自我错觉，解放运动已经走向下坡，但开创了令我们感到沮丧不已的绩效文化。

我确信对于一些人而言，这本书的动机否定了哲学的努力。研究论证法充满诱惑，揭开部分真理，反击另一部分真理。我认为我前文的论述毫无疑问是片面的，可能在一些我未曾注意到的方面确实如此。但我也认为，用政治模式进行哲学思考是哲学本身不可缺少的一部分，并且值得一番深思。

哲学除了其他方面以外，就是试图理解一个人自己的经历。因此，它与常识具有亲密的关系。但是有时候常识不得不通过详尽的论证为其辩护，以对抗其他遮蔽生活体验的论证。回顾史怀哲对他当时的管风琴的批判。传媒热情地讨论着斯图加特的新管风琴，这些混浊不清的声音不能直接归为体验。史怀哲不得不提出论点，揭露混浊的声音，并且开启修复工程，赋予其更多的音乐性。

一开始掩盖体验的通常是理论教条，如哲学历史的积淀，最初是在一些辩论的情况下得以清晰地表达。如果它们获胜了，就会产生扩散效应，成为信条，或者成为文化上的条件反射。人们必须采用锋利的工具将其扫除，使生活更加直接地被人理解。政治化的哲学思考不是只有在你已经了解事物后才会进行，像柏拉图所说的那样回到洞穴，你应该思考如何开始。

论点综述

在思考注意力的过程中，我们必须通过认知延展的概念重新思考自我的边界。作为会使用工具和假肢的具身存在，世界通过其可供性展现在我们面前。这是我们行动的世界，而不仅仅是观察的世界。当我们获得新技能时，我们看待的世界便会有所不同。

我们也思考了他人如何从根本上在我们的意识中起作用，调节我们的感知，即便是对筷子和颜色均匀的墙面这样简单的物品，我们的感知也会受到影响。在很大程度上，我们听说过事物，才能知晓事物。事物透过社会规范出现在我们面前。

这表明我们的认知装置是完全遵循传统的。因此我们不得不问一声，那个性呢？如何才能实现个性？因为正是个性决定了人与人之间的不同之处，人可能会在自己的人生经历上得出更加深入的理解。

我们发现作为获取知识的教条，个人主义在某种政治环境下出现，在启蒙运动时，它带有争论的意图，试图将我们从权威中解放出来。但是，启蒙者将完全自我责任作为知识基础，这似乎与我们所了解的社会性质互不兼容。因此，我们必须要问一声，是否可能对个性有不同的理解？不再将它立足于个人主义的基础上？在黑格尔的帮助下，我认为正是通过与他人相互碰撞，不管是冲突还是合作，我们才更加了解世界和自己，并且能够开始获得判断独立。

但在这种情况下，必须是具体的他人。借由他人，我们能够区别自己，不是普遍、抽象的公众代表。但在以摆脱权威，实现解放为基础的大众民主社会中，这种抽象化似乎是发展趋势。克尔凯郭尔告诉我们在个性化的那一瞬间，反抗若没有对先前的崇敬为基础，是不可能实现的。他认为人类处境正在走向扁平化，我们会对优越性感到尴尬，因而不可能实现反抗。

启蒙运动中的自我责任似乎是自我破坏，导致了一个以第三人视角看待的理想自我。这有助于我们理解早期的社会调查为何如此吸引人，比如《金赛性学报告》，将我们划入不同的勾选方框，特别老练和世故，视自己为代表；也能理解当前的"网络"心态，我们不渴望获取判断独立，反而希望加入"群体智慧"之中。按照托克维尔的逻辑，主权个体成了统计学上的自我。

最后，我们探讨了在传统牢固的文化夹具下，如何培养实践群体实现真正的独立，尽管这从来都不能够保证。这种可能性根本上是恢复我们一路受到的教育：首先是服从老师的权威，师徒制和制琴的工艺传统都是如此。

显然，我们并非一直都只是狭隘地关注注意力这一个话题。要理解我们目前的注意力危机，需要更广泛地探究文化力量和产生这种危机的自我理解。在本书的研究过程中，我们发现了一些与担忧注意力分散有关的方面，现在让我们整合在一起。

我们知道启蒙运动留下的自治论，已经成为文化本能反应沿袭下来，使我们不再那么激烈地对各种操纵我们注意力的方式做出回应。这在机器赌博的例子中最为清晰，我们发现博彩业及其捍卫者依靠主权自我的概念，预先阻止批判和管理，将"设计致瘾"当作社会工程项目推进。

论据的政治线索也出现在我们对于助推的讨论中。自由意志主义者反对受到政府的助推，其基础是自治概念，认为个人偏好表达了自我的真正核心，不容干涉。但是这种观点难以维持，因为事实上我们的偏好受到环境的高度影响。经过各种不同的"选择建筑师"的雕刻塑造，他们为了自身利益对我们的注意力加以引导。对自我采取绝对个人主义观点的自由意志主义者忽略了这一重要事实，并且难以实现所谓的捍卫自由。

我认为我们对于注意力公共区这一概念的理解大致就是：在分享我们既私人又公共的注意力资源时，担心公平正义。在发展心理学中，共同注意力出现在两个或两个以上的个体之间,他们参与一项共同的事业,比如孩子与照料人一起玩积木,或者至少处于共享的实践情境中,他们在精神上都身处其中并且意识到对方的存在。共同注意力有其自然规模,可能与实地共存的限制有关。它是自然有机出现的。有时是偶然的,比如两个陌生人碰巧在街上遇到了一个突然晕倒的人,必须决定采取何种措施;或者一个人可能刻意为一段时间的共同注意力而献身,例如演唱会,就是将人们聚集在一起,关注值得的事物。无论在哪一种情况下,人都不会认为自己是加工设计的对象,不认为只是因为自己在共享空间中出现,使得注意力被占用。

共同注意力是一种我们拥有的真实体验。对比之下,注意力公共区更宜理解为纯粹的负面原则,可以从环保人士提出的预防原则类推。我们要意识到注意力公共区不是要使它发生,而是不应破坏它;要意识到正是有了某种可贵的不存在,才创造了私人的沉思空间,才能自然地实现共同注意力,才使城市中更可能充满真实的人类沟通。

这可以归结为:请不要在购物商场的每一个角落安装扬声器,即便是在户外区域。请不要让大学棒球比赛每一回合中间都充斥着雷鸣般的喝彩声。请让我关闭出租车后座的显示屏幕。请让酒吧中有一个角落不闪烁百威淡啤的广告,因为我已经在酒吧里了。我希望那些身处特定职位人,如大楼管理员、商业地产开发商和室内设计师等,能理解注意力公共区这一概念。这里提出一项不成熟的建议:背景音乐是否应该是选择性采用,而不是选择性不采用?每隔20分钟,房间里的某人必须刻意按下按钮继续音乐,借此主动确认:"是的!我们想听点儿情绪摇滚!"

我们也获得了令人鼓舞的东西。能力的不断提升带给我们快乐的感觉。像厨师那样井然有序，或者通过摩托车轮胎的接地面感受到人的意识，似乎展示了骄人的人类表现中关于情境化、具身特性的深层方面。突出这样的体验为我们提供了方向，帮助评估情感资本主义向我们提供的加工制造后的体验。

最后，我们对注意力情欲进行了调查研究，洞察了一个人可能会如何逃离华莱士所描述的孤独。在孤独中，他人只会妨碍我们的意志。与华莱士自己的立场相反，我认为并非通过我的精神需要自由地"建构意义"，以及大胆地将想象加之于他人，我才逃离了自我封闭，而是应该通过获取新的注意力目标，也就是提供能量来源的、我所热爱的事物。不需要将世界转变为我们理想中的样子，注意力的情欲性建议我们可以选择性地爱世界本身的样子，借此重新定位自己，并且参与到世界中去。

回归真实

爱世界本身的样子，这可以作为现世伦理的箴言。儿童电视节目中传达的社会伦理与这相距十万八千里，电视节目不过是塑造心灵的一笔生意。在《米奇妙妙屋》中，与其他当代文化所展现的一样，透过屏幕处理现实，以使世界不会伤害脆弱的自我，并使自我更容易受到心理调节人员所提供的选择架构的影响。我们作为具身存在获取技能的世界，就是我们受制于物质现实"负面可供性"的世界。如我之前所言，幻想通过抽象化逃离他治就是放弃技能，也就是放弃了真实。

　　回归真实就是要走向另一个方向。除了低俗的闹剧之外，原版的迪士尼动画片中也有真正的魅力。唐老鸭在结冰的湖面上溜冰时，他摘取树枝，收集飞舞的雪花，将之融入芭蕾中，呈现令人叹为观止的表演。他滑冰的动作令人赞叹，这不是空想，也没有魔法。现实世界的溜冰者，或熟练的杂技表演者，都能够即兴表演，把观众提供的奇奇怪怪的物品融入表演之中，摸索重量，找到旋转的平衡，抓住空中抛接的要领。唐老鸭的溜冰表演是一个更高阶的版本。看原版唐老鸭在湖面上溜冰与看真实的表演同样令人惊喜。在这些时刻，人类在现实世界中优美地行动，这种未被发现的适者生存的可能性，似乎无穷无尽。

　　这能激发奇迹和感恩，在现世的注意力伦理中有着最值得称赞的宗教直觉。在对事物的安排处置中，确实存在着一些仁慈的东西，与我们有关。比如有了重力和浮力规则才可能冲浪，这就是我们居住的宇宙。意识到这样的可能性，并且给予应有的赞叹：从离开自我，走向美的意义上而言，如此与世界相遇，本质上是情欲的。

非扁平化的民主

　　相对于事物而言，与他人相遇也有情欲上的注意力伦理。我们会被人类卓越的典范所吸引，比如在我们所热爱的运动中。在运动这个领域中，我们不会对卓越性感到尴尬。这里克尔凯郭尔所描述的人类处境的扁平化就不存在了。

　　在扁平化中，我们以第三人称看待自己和他人，视为某一种类中的代表。得出这一结论的这种平等主义逻辑，要求我们将每一个人视为康德所谓的无所不包的"理性存在"，以至于要杜绝特殊待遇，保证道德纯洁，这需要普世性和康德所说的对所有细节进行抽象化。克尔凯郭尔提出，人类之间的不同以等级制度的形式展现，是反民主的吗？

我们不能忽略在运动中我们对身体勇猛的钦佩，这不需要特别努力地付出注意力。但是，如我在《摩托车修理店的未来工作哲学》中总结的那样，我们被优秀吸引，引导我们全面透彻地关注人类实践，并且在其他陌生的领域发现卓越性。比如，快餐店厨师的具身认知策略；或在肮脏的工作环境中可能要求的高强度的智力劳动，如修理工检修故障。带着这些发现，我们将道德想象延伸到那些传统上没有特别受到关注的人身上，并且发现他们的可敬之处。不是因为我们注意到了如平等主义者加之于我们那般的道德要求，而是因为我们确实看到了可敬的东西。对卓越性的坦率使我们真实地与他人联系在一起，而没有平等主义抽象化的遮蔽。

这不是反对民主。当原先隐形的他人的人性第一次展现在我们面前时，我认为是因为我们已经注意到了他们身上的特别之处。对比之下，从远处投射而来的平等主义心理，不加歧视，更像是原则性的，而不施加任何特殊的注意。我们愿意去设想，而非以受益人的身份去看待人性。但是这种心理所作用的对象，想要的不仅仅是作为某一类别被认可。他希望作为个体被人看到，他所努力实现的价值也能作为价值得到认可，培养长处或技能，继而彰显卓越。我们都追求独树一帜，我坚信崇敬他人即是崇敬这一追求的核心。我能做到这一点，只要允许自己以同样的方式回应，并且体验他人与自己之间的具体差别。这可能需要我默默地付出尊重，这与自由主义者的焦虑截然相反。

换言之，机修工检查出你的奔驰车数月以来的电力故障，签账单的时候请保持安静，因为在你面前的是一位天才。

付出应有的注意力非但不会威胁我们的民主承诺，反而会将那些民主承诺建立在更加实际的基础上。

重识被引导

在与他人和他物相遇的方式上回归真实，会对教育产生影响。下面几句引自道格·斯托（Doug Stowe）的话具体说明了这一点。斯托是木工教师，也是一流的教育思想家，他说："在学校里，我们为孩子创设了人造的学习环境，他们知道这是人造的，因而不值得他们充分集中注意力。他们失去了动手学习的机会，世界仍然是抽象而遥远的，学习热情难以被激发。"[1]

我并不认为每个学生都是如此，但我们应该担心很多学生确实如此。对人类卓越的多样性给予尊重，包括尊重学习风格的多样性。但是进一步来看，直接与事物相遇比起通过表征来说更加根本，所以可能本不必将那些亲自动手的教育视为次级教育，也不应将依靠这种方式学习的学生视为二流学生。我们之中几乎没有人是天生的学者，而且靠坐在书桌旁看书就能成为教育的范本也十分奇怪。斯托明确地指出了一个问题，那就是很多学生坐在课堂里，却默默地认为课堂内容不值得他们全神贯注，也不值得他们参与其中。这个问题必定会由于超级满足需求的精神刺激的存在而更加严重。但我认为更基本的问题是，课程本身的属性脱离了实际，分离了课堂上讲授的知识和实际环境，而在实际环境中这些知识的价值才会得以彰显。假设一名学生正在制作赛车的底盘框架，突然对三角函数产生浓厚兴趣。在教育中重回真实，应理解受教育对象是处在世界当中的，通过一系列的关注点适应这个世界。这比将自己归为"理性存在"，然后期待他人产生兴趣，更加行之有效。我们目前的教育体制已经通过这种方式变得扁平化了。

斯托用了"不值得"一词，表明教育的核心在于我们是具有评价眼光的。我们的理性程度与我们赞赏和蔑视的情绪密切相关，而这种评价性的情绪在扁平化之下是无法被接纳的。比如一个小男孩，钦佩赛车手的技术和勇气。从现实来说，这种人类卓越性他可能难以达到，但他却完全可以理解。如果他学习三角函数，就可以服务于这项事业，比如从事赛车制造。他至少可以为自己设想这样的未来，这会让他坚持去上学。在某一时刻，他可能会感受到学习纯数学的快乐，人生从此改变。又或许这不会发生。他可能转而被油管接头严丝合缝的焊缝所吸引，焊缝就像一摞闪着光泽的十美分硬币落下来，画出一道弧线，他从此开始钻研这项工艺。网上的一些色情网站，应该引起教育工作者的关注。教育需要禁欲苦行，但更根本上是情欲的。只有美好的事物才会引领我们参与外面的世界。

致谢

　　我每周都会穿上湿冷的摩托车服，在美丽的乡村道路上骑行 120 公里去夏洛茨维尔，去拜访我朋友乔·戴维斯（Joe Davis）。他是《刺猬评论》（*The Hedgehog Review*）的出版商，我希望他每次都不在。不管他桌上放着什么书，我都会拿走。你刚刚阅读完的这本书只是记录了我这些年整合所得的努力。因此，无论本书有任何不足之处，都是乔的品位问题。

　　我的朋友很多人都很聪慧，我有幸认识了一些更加聪明睿达的朋友，他们与时代格格不入，这也使他们的知识探索比一般的学者更具个人特色。

　　2013 年，马特·菲尼、塔尔·布鲁尔和比尔·海瑟伯格慷慨地同意与我一起禁闭在蓝岭山脉（Blue Ridge Mountains）上的一间小屋内写作。我以为可以在预期的时间内完成本书的草稿，以及喝完我的美酒，结果又多花了 7 个月的时间。我们进行了多次讨论。虽然我没有充分意识到，但是我开始对康德的思想含糊其词。康德是本书间接提到的思想家。后来，康德对日常心理学的影响，成了我们争论的焦点。塔尔勇敢地试着矫正我对康德的解读，然而最终未果。我有些固执，塔尔是严肃的康德学者，而我现在不是，以前也从来不是。很久以后我终于开始阅读《道德形而上学原理》，我逐渐感到我读到的就是我此前批判的自由，更准确地说是对这种自由夸张的模仿。这本书也揭露了我们对事物的立场与打着自我旗号的道德二者之间的深层联系。因此康德使本书第一部分和第二部分之间概念上的联系更加清晰明朗。我从这位令人敬畏的东普鲁士哲学家那里受到启发，对他充满感激之情，因而不得不将他放在最重要的位置，让他表达他的观点。塔尔觉得我这是在他屁股下面放了坐上会发出类似放屁声的坐垫；我认为他不需要这种东西。

菲尼从前也是研究康德的学者，我与他有很多共鸣，尤其是在探讨康德和可怕的儿童节目之间的关联时。他帮助我在康德庞大的体系之下找到《原理》一书的位置。菲尼留给我的印象是敏锐、富有才智，以及交流时充沛的活力。从更长的时间来说，这些年来菲尼一直是我的忠实读者，正是有了他，我的写作才得以继续。人必须认识一个和自己一样，内在生长着同样植物群系的人，才能对文化群系做出类似的免疫反应。在政治思想的发展中，我们拥有相似的教育经历，同样也使我们能够理解这些反应的缘由何在，在交叉关联的教育谱系之下我们可以实现互补。

比尔帮助我了解人类行为理论，它隐藏在康德的自治理想中。他还帮助我将其与情境支持中的行为观点进行明确对比。这很关键。

丹尼尔·多尼森给夏洛茨维尔带来了苏格拉底般的文雅气质，他不在时，整座小镇都很想念他。如果市政府官员足够聪明的话，应该资助他在此生活。因为他单凭一己之力，就把市中心的步行街变成了一个充满智慧魅力和交流愉悦的场所。

在对具身认知和其他认知科学思潮的研究当中，贝丝·克劳福德是我不可缺少的向导，她也为我的许多观点提供了重要的意见反馈。我对她亏欠不少，我很幸运。

还有我从前 Classified Moto 的商业伙伴约翰·瑞兰德（John Ryland），我因写书而拖延了与他一起合伙开公司的计划，而他能够体谅我。任何想要一辆定制摩托车的人都应该去找他。

感谢舒尔和普林斯顿大学出版社允许我广泛引用了《设计致瘾》一书中的内容。

加州大学洛杉矶分校的麦克·罗斯（Mike Rose）总是批判我们的教育体制，但正是他对我"关于'被引导'"这一章提出了宝贵意见。除此之外，还有麻省理工学院的彼得·霍克。彼得给了我两件精美的玻璃吹制品，共同注意力的成果很适合用来喝苏格兰威士忌，我很珍惜。泰·兰德勒姆（Ty Landrum）对我 2010 年向弗吉尼亚大学文化高级研究所提交的"注意力作为文化问题"（"Attention as a Cultural Problem"）一文做出了反馈。布里·格特勒（Brie Gertler）的帮助使自我认知问题成为我关注的焦点，她真诚的称赞令我重新充满信心。2007年和 2008 年，在泰勒和布迪的店里，工匠们对我的打扰多有包涵，并且耐心回答我的提问。我想要特别感谢约翰·布迪、克里斯·博诺、克里斯·彼得森、瑞安·阿尔巴世安、凯利·布兰顿（Kelly Blanton）、汤姆·卡拉法（Tom Karaffa）和罗比·劳森，还有管风琴演奏家弗兰克·阿切尔也是我的家族好友。

我很难预期这本书的反响会如何，当然出版商也是如此。我的研究思路需要读者理解一些宏大的论点，但读者通常没有耐心付出这样的努力。FSG 的编辑埃里克·钦斯基（Eric Chinski）给了我巨大的空间，他完全理解我一直想努力完成的东西。三生有幸，我能在出版界有这样的朋友和资助者。

我英国的编辑威尔·哈蒙德（Will Hammond）对我的书高度重视，也提供了无数的建议。我的代理人蒂娜·班尼特（Tina Bennett），她是最棒的同事，是我知识上的伙伴，也是我信任的鞭策者。威尔和蒂娜这些专业人士给予我的热情帮助，使我能够放心地了解我这本书是否写得太过炫耀，因而导致他人无法理解我的思想。

威尔离开维京出版后，丹尼尔·克鲁（Daniel Crewe）接手了这本书的工作，并且视如己出，对此我感激万分。

最后，能成为文化高级研究所的一员是我获得的莫大恩惠。我能担任今天的职位全凭运气，他们对我一无所求，却一直支持着我。十分感谢詹姆斯·亨特（James Hunter）、乔·戴维斯以及全体成员，感谢你们大大丰富了我的所思所想。

未来，属于终身学习者

我这辈子遇到的聪明人（来自各行各业的聪明人）没有不每天阅读的——没有，一个都没有。巴菲特读书之多，我读书之多，可能会让你感到吃惊。孩子们都笑话我。他们觉得我是一本长了两条腿的书。

——查理·芒格

互联网改变了信息连接的方式；指数型技术在迅速颠覆着现有的商业世界；人工智能已经开始抢占人类的工作岗位……

未来，到底需要什么样的人才？

改变命运唯一的策略是你要变成终身学习者。未来世界将不再需要单一的技能型人才，而是需要具备完善的知识结构、极强逻辑思考力和高感知力的复合型人才。优秀的人往往通过阅读建立足够强大的抽象思维能力，获得异于众人的思考和整合能力。未来，将属于终身学习者！而阅读必定和终身学习形影不离。

很多人读书，追求的是干货，寻求的是立刻行之有效的解决方案。其实这是一种留在舒适区的阅读方法。在这个充满不确定性的年代，答案不会简单地出现在书里，因为生活根本就没有标准确切的答案，你也不能期望过去的经验能解决未来的问题。

湛庐阅读App：与最聪明的人共同进化

有人常常把成本支出的焦点放在书价上，把读完一本书当作阅读的终结。其实不然。

时间是读者付出的最大阅读成本
怎么读是读者面临的最大阅读障碍
"读书破万卷"不仅仅在"万"，更重要的是在"破"！

现在，我们构建了全新的 "湛庐阅读"App。它将成为你"破万卷"的新居所。在这里：

- 不用考虑读什么，你可以便捷找到纸书、有声书和各种声音产品；
- 你可以学会怎么读，你将发现集泛读、通读、精读于一体的阅读解决方案；
- 你会与作者、译者、专家、推荐人和阅读教练相遇，他们是优质思想的发源地；
- 你会与优秀的读者和终身学习者为伍，他们对阅读和学习有着持久的热情和源源不绝的内驱力。

从单一到复合，从知道到精通，从理解到创造，湛庐希望建立一个"与最聪明的人共同进化"的社区，成为人类先进思想交汇的聚集地，与你共同迎接未来。

与此同时，我们希望能够重新定义你的学习场景，让你随时随地收获有内容、有价值的思想，通过阅读实现终身学习。这是我们的使命和价值。

湛庐阅读App玩转指南

湛庐阅读App 结构图:

12+图书订阅服务
纸质书
有声书
电子书

读什么

泛读：一书一课
通识：通识课
精读：精读班

怎么读

湛庐阅读App

优秀的读者和终身学习者

与谁共读

跟谁读

作者、译者、专家、推荐人和阅读教练

三步玩转湛庐阅读App:

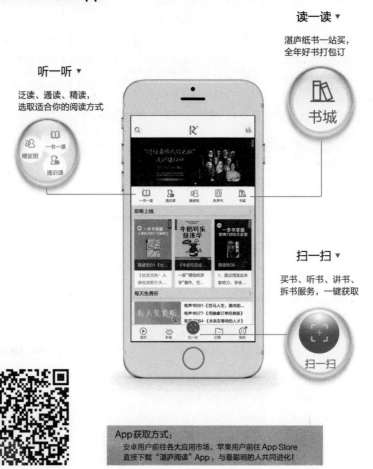

读一读 ▼

湛庐纸书一站买，
全年好书打包订

书城

听一听 ▼

泛读、通读、精读，
选取适合你的阅读方式

精选班　一书一课　通识课

扫一扫 ▼

买书、听书、讲书、
拆书服务，一键获取

扫一扫

App 获取方式：
安卓用户前往各大应用市场、苹果用户前往 App Store
直接下载"湛庐阅读"App，与最聪明的人共同进化！

使用App扫一扫功能，
遇见书里书外更大的世界!

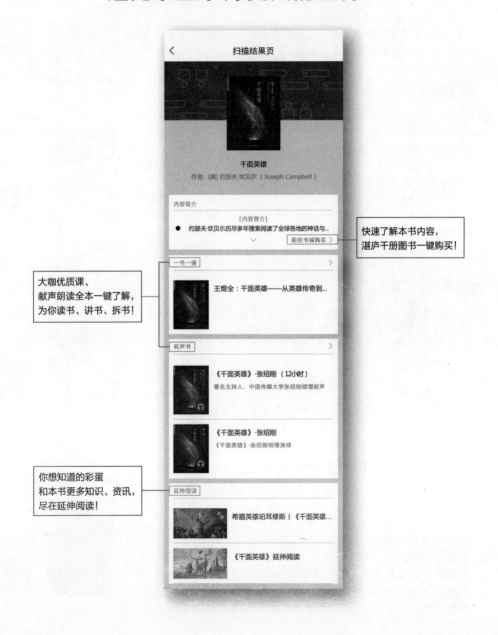

快速了解本书内容，
湛庐千册图书一键购买!

大咖优质课、
献声朗读全本一键了解，
为你读书、讲书、拆书!

你想知道的彩蛋
和本书更多知识、资讯，
尽在延伸阅读!

扫描结果页

千面英雄

作者: [美] 约瑟夫·坎贝尔（Joseph Campbell）

内容简介

[内容简介]
● 约瑟夫·坎贝尔历尽多年搜索阅读了全球各地的神话与...

前往书城购买

一书一课

王煜全：千面英雄——从英雄传奇到...

有声书

《千面英雄》·张绍刚（12小时）
著名主持人、中国传媒大学张绍刚倾情献声

《千面英雄》·张绍刚
《千面英雄》·张绍刚倾情演绎

延伸阅读

希腊英雄珀耳修斯 | 《千面英雄...

《千面英雄》延伸阅读

延伸阅读

《如何想到又做到》

◎ 媲美《影响力》的行为改变科学，通过3种行为分类、7大武器组合带来持久改变，告诉你无需意志力，就可达成目标、实现成功的极简方法。

◎ 《华尔街日报》销量榜榜首，亚马逊非虚构类畅销书亚军，《今日美国》畅销书排行榜更受欢迎的本版书。

ISBN 978-7-5536-7491-9

《工匠精神》

◎ 这是一部深入阐述工匠精神的作品。百年来，工匠精神如同一台无休止的发动机，引领着美国成为"创新者的国度"，成为其生生不息的重要源泉。

◎ 《自然》杂志、《快公司》杂志联合创始人艾伦·韦伯、《MAKE》杂志总编辑马克·弗劳恩费尔德、著名制片人，数字行业国际大奖威比奖（Webby Awards）设立者蒂法妮·施莱恩、美国2012年度创业人物、AdafruitIndustries创始人莉默·弗雷德联名推荐，清华大学技术创新研究中心主任陈劲领衔翻译。

ISBN 978-7-213-06392-3

《深泽直人：具象》

◎ 无印良品MUJI灵魂人物，职业生涯斩获美国IDEA金奖、德国IF金奖、"红点"设计奖、英国D&AD金奖等五十多项国际大奖的著名工业设计大师深泽直人最新设计思想全方位展现。

◎ 《深泽直人：具象》完美体现了日本著名设计师深泽直人对人、空间和物体之间动态的相互作用的观点，将设计师的作品置于当代设计世界的语境中，为其设计理念提供第一手资料。

ISBN 978-7-213-09253-4

《摩托车修理店的未来工作哲学》

◎ "后工业化"时代，我们是否还需要手工劳动，是否还需要工匠精神？克劳福德用第一手的实践知识和经验告诉我们，手工劳动在认知、社交和心理等方面都具有积极的意义，工匠精神为我们提供了真实的满足感。

◎ 本书自出版以来，先后荣获《出版人周刊》年度畅销书、《纽约时报》年度畅销书、《名利场》年度十佳作品、《旧金山纪事报》年度畅销书、《基督教科学箴言报》年度畅销书、《华尔街日报》假日好书推荐、《金融时报》编辑推荐奖等奖项。

ISBN 978-7-213-06070-0

图书在版编目（CIP）数据

工匠哲学 /（英）马修·克劳福德著；王文嘉译
. — 杭州：浙江人民出版社，2020.1
书名原文：The World Beyond Your Head
ISBN 978-7-213-09401-9

Ⅰ . ①工…　Ⅱ . ①马…　②王…　Ⅲ . ①手工业—技术
哲学 Ⅳ . ① TS95

中国版本图书馆 CIP 数据核字（2019）第 270015 号

浙 江 省 版 权 局
著作权合同登记章
图字：11-2017-199 号

上架指导：大众生活

版权所有，侵权必究
本书法律顾问　北京市盈科律师事务所　崔爽律师
　　　　　　　　　　　　　　　　　　　　张雅琴律师

工匠哲学

[英] 马修·克劳福德　著

王文嘉　译

出版发行：浙江人民出版社（杭州体育场路 347 号　邮编　310006）
　　　　　市场部电话：（0571）85061682　85176516
集团网址：浙江出版联合集团　http://www.zjcb.com
责任编辑：陈　源
责任校对：戴文英
印　　刷：北京盛通印刷股份有限公司
开　　本：720mm×965mm 1/16　　　　印　　张：17.5
字　　数：189 千字　　　　　　　　　插　　页：1
版　　次：2020 年 1 月第 1 版　　　　印　　次：2020 年 1 月第 1 次印刷
书　　号：ISBN 978-7-213-09401-9
定　　价：79.90 元

如发现印装质量问题，影响阅读，请与市场部联系调换。